微生物定殖动态及其胞外多糖结构鉴定与诱导抗病机制

翟忠英 王凤 尹乐斌◎著

WEISHENGWU DINGZHI DONGTAI JI QI
BAOWAI DUOTANG JIEGOU JIANDING YU YOUDAO KANGBING JIZHI

中国纺织出版社有限公司

内 容 提 要

生防菌能成功在宿主植物中定殖，是生防菌和宿主植物互相作用的关键所在。生防菌能够促进植物生长，诱导植物产生抗病性，增强植物免疫力，很大程度上依赖于生防菌的定殖能力。细菌生物膜是由细菌分泌的胞外蛋白、胞外多糖（exopolysaccharide，EPS）以及菌体共同组成的一种群体结构。微生物胞外多糖作为一种高分子天然化合物，在众多领域具有广阔的发展潜力和应用前景。本书综述了不同微生物胞外多糖结构和功能之间的构效关系，为以后胞外多糖构效关系研究以及胞外多糖结构优化提供理论依据。

图书在版编目（CIP）数据

微生物定殖动态及其胞外多糖结构鉴定与诱导抗病机制 / 翟忠英，王凤，尹乐斌著 . -- 北京：中国纺织出版社有限公司，2022.11

ISBN 978-7-5180-9908-5

Ⅰ.①微…　Ⅱ.①翟…　②王…　③尹…　Ⅲ.①微生物—研究②多糖—结构分析③微生物防治　Ⅳ.① Q93-3 ② Q539 ③ S476.1

中国版本图书馆 CIP 数据核字（2022）第 181203 号

责任编辑：毕仕林　国　帅　　　　责任校对：高　涵
责任印制：王艳丽

中国纺织出版社有限公司出版发行
地址：北京市朝阳区百子湾东里 A407 号楼　邮政编码：100124
销售电话：010—67004422　传真：010—87155801
http://www.c-textilep.com
中国纺织出版社天猫旗舰店
官方微博 http://weibo.com/2119887771
北京虎彩文化传播有限公司印刷　各地新华书店经销
2022 年 11 月第 1 版第 1 次印刷
开本：710×1000　1/16　印张：13
字数：227 千字　定价：98.00 元

前　言

　　生防菌及其代谢物在植物诱导抗病性方面发挥着重要的作用。微生物胞外多糖作为一种高分子天然化合物，广泛存在于细菌、真菌以及海藻生物中。因其具有抗氧化、抗肿瘤、抗病毒，且能够增强生物体免疫力等特性，在众多领域具有广阔的发展潜力和应用前景。近年来，生防菌的定殖研究以及其代谢物结构和功能等方面也得到了较大的发展，但缺乏一本对其进行全面且详细阐述的专著。在这种形势情况下，本书对生防菌目前研究状况进行了概述，并对其定殖过程及影响因素进行了说明，另外生防菌的代谢产物也在植物诱导抗病性等方面发挥着巨大的作用。

　　本书在编者最近的研究基础上，对该领域现阶段的发展成果进行概述。全书一共分为8章。第1章主要概述植物病虫害的危害作用，生防菌的功能、分类以及作用机制，主要叙述生防菌在目前病虫害防治中的研究进展。第2章主要概述目前常见的菌株标记方式的优缺点及其应用，特别是绿色荧光蛋白的特点及应用范围，并对荧光蛋白的标记方式以及应用进展进行了概述。第3章主要讲述荧光标记菌株构建的方法、沼泽红假单胞菌荧光标记菌株构建的方法以及稳定性检测实例介绍。第4章主要对生防菌的定殖研究进行概述，主要讲述了生防菌在植物上的定殖过程、定殖后的作用以及调控机制。根据作者目前的研究，本章举例讲述生防菌沼泽红假单胞菌在植物叶际的定殖过程及特点，加深了人们对生防菌定殖的研究。第5章主要讲述生物膜形成的过程、特点、作用以及调控机制，详细概述了生物膜在诱导植物抗病中的作用。第6章主要介绍微生物胞外多糖的提取、纯化、结构鉴定以及功能分析，这也是本书的重点内容。本章详细介绍了胞外多糖在分离提取中可以用到的方法及注意事项，胞外多糖结构和功能之间构效关系的研究，以及微生物胞外多糖在各个领域中的研究进展。第7章介绍植物诱导抗病性的分类、相关的抗病基因、代谢产物以及激发子的介绍，并对植物诱导抗病性的相关通路以及作用机制进行了阐述。本章最后举例讲述了沼泽红假单胞菌在诱导植物抗病中的作用。第8章介绍了转录组的应用研究进展，并举例说明沼泽红假单胞菌胞外多糖在诱导植物抗病性中转录因子的变化。

本书以基本理论概述 – 应用研究进展 – 案例分析为主要框架，通过对前人的研究工作进行总结和概述，为生防菌在植物诱导抗病性方面的应用提供更全面、更新颖的前沿研究进展。本书可作为植物保护或生物防治领域研究工作者的参考书目。本书由翟忠英撰写，由王凤和尹乐斌进行校稿和指导。

《微生物定殖动态及其胞外多糖结构鉴定与诱导抗病机制》旨在对生防菌在植物诱导抗病性过程、最新的研究方法、机理、影响因素以及应用进展进行概述，具有一定的难度和广度。且作者水平有限，几经修改，书中存在缺点或者错误之处难以避免，望请各位读者不吝赐教。

著者

2022 年 10 月

目　录

第1章 生物防治

1.1 植物病虫害的影响

当植物受到病原菌侵害时，会对植物的生理以及组织结构带来极大的危害作用，严重时会直接导致植物的死亡。植物病虫害是几千年来影响着农作物产量以及品质的重大问题。当植物受到病虫害侵害后，产量严重降低，品质也急剧下降，严重时甚至导致绝收。导致病虫害的首要原因是我国农业发展的单一化，另外，农民对病虫害的防治手段尚未有明确的认知。每年大量农药和化肥的施用，植物以及害虫都会产生强烈的抗药性，还会导致严重病虫害的发生。植物除了能够为人们净化空气，维持大气中的碳氧平衡外，还能够为人类提供必需的营养食物，服务于人们的衣食住行等各个方面。常见的植物病害有草莓炭疽病、马铃薯黄萎病、烟草花叶病毒等。中国草莓的产量在全世界位居第一，但由于多年单一品种的重复种植，大量病原菌过度繁殖，引起了草莓炭疽病危害的加重。草莓炭疽病能够感染草莓果实的多个组织，造成将近30%左右草莓产量的损失，甚至会直接导致草莓幼苗出现大面积死亡，严重危害草莓的产量。马铃薯黄萎病，是马铃薯在整个生长周期内危害最为严重的病害，严重时，可能会导致50%以上马铃薯产量的损失。因此，植物病虫害给我国乃至全世界农业带来了严重的危害。农产品产量和品质的下降，还会导致粮食短缺问题加剧，危害着人类的生存。因此，人们急需找到一种能够有效且长期治理植物病虫害的方法手段，解决病虫害对人类生存以及植物带来的危害问题。常见的病虫害防治的手段主要可以分为以下三种。

化学防治。植物病虫害是困扰了全世界农业生产的重大问题，严重危害了农作物的产量以及品质。长期以来，利用化学防治的方法治理病虫害取得了良好的成效。常见的化学防治手段是通过使用化学药剂对作物的种子、幼苗或生长的土壤进行处理，达到消灭病虫害的效果。利用化学农药的防治手段不仅能够有效消灭病虫害对作物带来的健康威胁，还能够提升作物产量，增加农业收入。但近年来。随着人们对环境问题的重视，农药残留的问题逐渐被人们重视起来，多个国家对农作物中的农药残留严格把关。化学农药治理病虫害的方法虽具有较好的效果，但在使用过程中严重破坏了农田的生态环境，降低了农产品的质量，也使病虫害的耐药性逐渐提升，导致农药的喷施量逐年递增。因此，化学农药治理的方法弊端越加明显。但短期内，尚未有更安全、高效的治理方法能够取代化学农药。因此为了人类的健康以及生态环境的安全，人们可以考虑将不同的防治手段进行结合，共同应用于病虫害的防控以及治理中。

物理防治。物理防治指的是利用物理的手段达到防治病虫害的目的。一般常用的物理手段是高温杀菌、高强度辐射、光和热等，来抑制病虫害的传播以及危害。物理防治的手段具有较长的历史，该方法成本低，对环境无污染，但对病虫害的防治效果并不高，往往需要和其他防治方法共同使用。

生物防治。生物防治是指应用一些有益微生物或者分泌物直接或间接抑制病原菌的复制和增殖的方法。该方法安全、无毒且应用范围较广，具有一定的防治效果。但目前存在着防治效果不稳定、不理想的问题，这也是近年来研究学者们一直在攻克的问题。以后生物防治的方法势必会取代传统的化学农药，减少化学农药的使用量，提升农作物产量以及品质，助力可持续农业的发展。

1.2　生物防治概述

我国作为农业大国，近年来化学农药以及化肥的施用，极大地提高了农产品的产量和经济效益。但使用过程中带来的一系列问题也不容忽视。化学农药和化肥的大量使用，导致农业生态环境遭到破坏，病虫害抗药性增加，有害物质残留，严重危害了人体以及农田有益微生物的健康。一些蔬菜、水果以及农作物的产量也会因长期化学农药的使用引起产量和品质的下降。一些耐性较好的害虫能够克服寒冬以及防治剂，在农田中大量繁殖，给农作物带来更加严重的危害。且化学农药以及化肥的大量使用导致土壤以及河流严重的重金属污染，继而可以通过食物链威胁动物和人类的健康安全。一旦重金属通过食物链的方式进入人体，会造成多种疾病，并伴有遗传的风险，给人体带来极大的危害。重金属对土壤的污染同样也很难去除，处理也更为复杂。随着人们生活水平的提高，环保意识也在不断加强。在农业的长远可持续发展过程中，微生物防治发挥着重要的作用。一些有益微生物能够对存在于土壤中的有机物进行分解，给植物释放营养分子，另外还可以达到土壤改良，增加土壤肥力的作用。除此之外，很多研究表明，一些生防菌能够有效防控并抑制农作物病虫害，能够替代化学农药以及化肥，促进植物生长，为植物提供其必需的营养物质。生物防治的应用，在很大程度上减少了化学农药及化肥对环境以及农田生态平衡带来的压力及威胁，改善了农田的生态系统，维护了农田生态系统的微生物多样性，加快了生态型农业发展的步伐。生物防治，作为一种绿色、环保又持久的防治措施，在我国农作物病虫害防控中发挥着积极的作用，目前已经成为能够有效减少传统化学农药使用量的防治手段。

生物防治指采用寄生、病原性天敌或者捕食等生物自然的方式和手段来达到控制病虫害的目的，现已成为动植物病虫害防控中极其重要的一部分。生物防治综合利用了细菌学、真菌学、植物学、昆虫学、线虫学以及病毒学等多方面的知识来认识并防控植物病虫害的产生。经过一个多世纪的进步与发展，生物防治已经初步具备了完整的基础理论。由于其技术的环保性，引起了各界学者以及政府的重视，并以此开展了大量的探索。生物防治的核心即是利用生态环境中各种生物之间的相互作用以及竞争的生物学现象，以此来减弱一些病虫害带来的损失。和化学防治相比，生物防治安全、环保，对环境以及人类的危害较小，是一种绿色、无污染的防治方法，但目前防治效果并没有化学防治那么快，需要一个较长的生长周期。除此之外，能够利用生物防治控制的害虫数量和种类有限。未来，随着生物技术的快速发展，必定会开拓更多、更新的领域，助力世界农业健康、绿色地发展。

目前，市场上已经出现了以微生物为主的生物农药，如芽孢杆菌菌剂以及光合细菌菌剂，在植物病害防控等方面都达到了良好的效果。因此，生物防治主要是利用一些有益微生物对一些有害物质进行降解，或者寄生于病原菌，吸取病原菌营养物质，最后致死。生物防治还可通过和病原菌竞争生长空间以及营养物质等方法达到抑制病原菌生长的目的，以此降低对植物产生的危害。例如，从新疆棉田土壤中分离得到了一株阿萨尔基亚芽孢杆菌，后期研究表明该菌株具有抗大丽轮枝菌的功能。菌株中存在的活性蛋白成分，能够对病原菌的生物膜造成破坏，致使细胞膜线粒体电位发生极化，破坏细胞，导致病原菌死亡。另外，对该菌株防病效果进行试验结果表明，盆栽试验中，该菌株抗棉花黄萎病的效果可达到42.56%；田间试验中，防治效果为40.16%。生物防治依赖微生物寄生、捕食以及引入病原菌天敌的方法对植物病虫害进行控制。和化学防治方法相比，其对环境无污染，对人以及动物的健康无威胁，防治效果也较为持久，并能够和其他防控措施协同进行防控，已经成为了病虫害防控最具有发展潜力的防治手段。

1.3 生物防治的发展简史

　　生物防治的概念，最早在1893年由欧洲植物病理学奠基人Dr. Carl Freiherr von Tubeuf提出。在1888年，吹绵蚧肆虐美国加州，对当地的农户带来了严重的损失。美国当地政府为了减少危害程度，引进了澳洲瓢虫来控制吹绵蚧，并取得了显著的效果。在五千多年的历史长河中，我国也对农业生产中一些病虫害的防治极其关注。但由于技术手段和知识水平的落后，一旦遇到天灾人祸，老百姓便置身于水深火热之中，毫无抵抗能力。我国在晋代的《南方草木状》《岭表录异》中均记载了利用黄蚁治疗柑橘害虫的事例，这是我国生物防治最早的记录。后期文献又记载了许多利用益鸟和益虫防控病虫害的例子，如利用养鸭来防控稻田里面的蝗虫和螟蛾，并一直沿用至今。但随后一段时间里化学杀虫剂的广泛应用，达到了良好的防治效果，人们对生物防治的应用逐渐削弱。但近年来由于大量农药、化肥的使用，环境污染问题日趋严重，越来越多的害虫逐渐产生了抗药性，常用的化学农药难以产生良好的杀虫效果。同时，大量化学农药的使用，各种农作物、蔬菜上残留的农药会伴随着食物链进入人体内，威胁人类生命健康。随着化学农药弊端的出现，越来越多的科研工作者意识到了生物防治的重要性，投身于生物防治的研究。20世纪60年代以来，环保问题引起了世界各国人民的广泛关注。同时，化学农药以及化肥的滥用，也引起了我国农业部门的注意，并开展了许多生物防治工作来尽可能地减少农药的使用，如采用田间应用技术、稻田养鸭等措施，并取得了较好的成效。如今，我国已将环保定为我国国策，将生物防治技术进行改善和发展，积极应用于我国农作物、蔬菜、果树的病虫害防治中，为生物防治的健康发展提供了广阔的发展前景。尤其是21世纪以来，随着生物技术的迅猛发展，互联网的普及以及计算机科学技术在各个学科领域多方面的交叉联合应用，也助力了生物科技的发展，为生物防治技术的高效应用注入了新的血液，提供了更为便利和高效的技术策略。

　　例如，为了解决云南省蔬菜产业发展过程中遇到的病毒病问题，通过引进国外品牌蔬菜种子，一定程度上缓解了蔬菜病毒病带来的危害。但长期种植，产量低、病毒病的危害照样十分严重，且依赖单一的抗病毒病的品种无法从根本上解决问题。但推广应用了湖南省农科院刘勇研究员团队研发的蔬菜病综合防控技术后，人们看到了显著的效果。刘勇研究员团队经过25年的攻关，研发了"清毒源、选品种、抑种传、阻传播、增抗性"的蔬菜病毒病综合防控技术，即在播种前清除菜地周围阔叶杂草，再根据乡镇病毒病的种类情况选择相应的抗病毒病品种，采用微生物农药对种子传带的病毒进行消杀，来提高植株对病毒病的诱导抗性，再巧施纳米颗粒化农药杀灭传毒的昆虫。该技术目前在云南省元谋、红河、保山、昆明等蔬菜生产基地大面积推广应用，为云南省菜农增加收入80亿元以上。

1.4 生防菌功能

生防菌的概念自1919年提出以来，关于生防菌的研究一直是很多专家们研究的重中之重。目前，在全世界范围内投入施用的生防菌剂达300多种，其中应用最为广泛的为苏云金芽孢杆菌。通过将苏云金芽孢杆菌的毒素基因转移到多种作物中，构建了多种转基因植物，并得到了广泛的种植。生防菌的种类也较为丰富，常见的主要有细菌、真菌以及放线菌。其中投入生产，应用较为广泛的主要包括木霉菌、白僵菌、绿僵菌、蜡蚧轮枝菌、丛枝菌根、芽孢杆菌以及假单胞菌等。生防菌在和植物长期协同进化过程中，一方面能够从植物中获取自身生长和繁殖所需的营养物质；另一方面，其可以分泌出一些代谢物，作为信号分子激起植物自身存在的一些机体反应，促进植物生长以及保护植物免受外界环境带来的危害。主要功能集中在以下10个方面。

1.4.1 固氮

氮作为植物必需元素之一，在农业发展中发挥着极其重要的作用。但长期化肥的施用，给人类健康以及环境安全带来了极大的威胁。1958年，人们从甘蔗的根部分离得到了一株固氮内生菌，这引起了人们的热切关注。随后，随着科学探究的进一步发展，越来越多的固氮菌被分离筛选得到，并应用于植物的固氮中。有人认为，在所有的植物中都会有固氮菌的存在，目前已经证实在甘蔗、玉米、小麦、高粱、水稻、甘薯、棕榈树等作物中均分离到了固氮菌。据不完全统计，这些固氮菌每年能够为每公顷农田提供最少200kg的氮源。另外，人们也通过各种试验方法开发固氮细菌更大的价值潜力。例如，可以通过对其根瘤的形成过程进行诱导，采取一定的方法增加固氮菌的定殖能力和稳定性，筛选并鉴定一些能够和植物结合更加稳定的固氮菌应用于实际生产中等，在农业发展中发挥着不可估算的作用。

1.4.2 促进植物生长

一些生防菌在固氮的同时，还能够促进植物的生长。生防菌能够通过其对植物的固氮作用以及分泌出一些植物生长素，调节植物生长。另外，生防菌也可以诱导植物，产生一些植物激素，增强植物对氮、磷、钾等营养物质的吸收能力，进而对植物的生长起到促进的作用。研究证明微生物能够产生促进植物生长的生长素（IAA），可以对植物的根系进行改造，增加植物抗逆性。另一方面，一些植物根际促生菌具有溶解土壤中有机磷的能力，能够将根际周围难以被植物所利用的有机磷降解为可吸收的磷物质，供植物生长。还有一些生防菌能够分泌出酶等物质，将一些大分子物质酶解成能够被植物利用的小分子物质，供植物吸收和生长。另外一些根际生防菌能够产生细胞分裂素（CK），抑制主根的生长，进而达到促进植物生长的目的。例如，沈德龙等人的研究证实水稻内生成团泛菌能够分泌出多种促进植物生长的激素，激素之间相互协调，共同调控水稻的生长，并能够在成熟期影响水稻光合作用产物的分布。另一些芽孢杆菌具有固氮能力，增强植物的营养供给。但并非所有的内生菌对植物的生长都是促进作用的。同一个菌株对不同的作物品种可能会存在差异，即使是同一种作物，在生长的不同时期，菌株对植物的促生效果也有区别。此外，生防菌对植物生长的促进作用还受到多种环境因素的影响。

1.4.3　促进根的发育

微生物在生长过程中能够合成并分泌出一些生长素或生长素类似物，促进植物根部的发育。微生物能够促进植物根部的发育，增强植物对水分以及营养物质的吸收。

1.4.4　增强植物抗病性

当植物被病原菌侵染后，生防菌能够诱导植物产生抗病性，激活植物中抗病相关基因的表达，诱导抗病相关代谢物的产生，增强植物对病原菌的抗性，在植物病害防控中发挥着重要作用。生防菌能够在生长过程中，分泌出一系列次级代谢产物，诱导植物产生抗性。常见的代谢产物有茉莉酸、水杨酸以及乙烯等物质。另外，生防菌还能对植物细胞壁木质化以及胼胝质沉积进行诱导，植物经过诱导后，其细胞壁的强度显著增加，植物中的代谢物也明显发生了变化，一些抗性物质的含量显著增加，以此来增强对病原菌的抵御能力。例如，菌株 *Trichoderma virens* 能对棉花植株产生诱导作用，产生几种肽类以及蛋白质等物质，作为激发子能够诱导植株产生萜类化合物，提高木聚糖酶以及过氧化酶在棉花植株中的活性。

1.4.5　溶磷作用

土壤中存在着大量不能直接被植物吸收和利用的磷酸盐。有人报道称一些根际生防菌能够将土壤中的磷酸盐进行转化，供给植物生长。这些生防菌能够将无机磷酸盐转化成有机酸等物质，促进植物的生长。另外，生防菌的溶磷作用产生有机酸的过程需要以碳源作为底物，尤其是以葡萄糖、半乳糖以及蔗糖作为碳源时，生防菌对磷酸盐的转化具有更好的效果。

1.4.6　产生嗜铁素

在低浓度铁的环境条件下，微生物能够生成嗜铁素，其能和Fe^{3+}发生螯合作用，一方面能够满足微生物生长中对Fe^{3+}的需求；另一方面能够被植物吸收和利用，供给植物营养。近年来，很多报道表明微生物所分泌出的嗜铁素对植物的生长发挥重要作用。例如，缺铁真菌分泌出来的嗜铁素能够让缺铁的植物恢复翠绿、健康的状态；一些细菌在生长过程中，能够代谢出气生菌素，和铁发生螯合作用后被大豆植株直接吸收和利用。另外，对假单胞菌抗性变种菌株在10℃和25℃条件下，体内以及体外对植物生长的影响以及机制进行研究，结果显示荧光假单胞菌在生长过程中能够分泌出嗜铁素，在低温的条件下能明显促进植物的生长。

1.4.7　增强植物耐盐能力

有报道指出一些根际生防菌在盐胁迫条件下，能够增强植物对盐胁迫的耐力，减轻盐胁迫给植物带来的危害，直接或间接对植物的生长带来促进的作用。例如，根际生防菌能够在生长过程中产生1-氨基环丙烷-1-羧酸（ACC）脱氨酶，降低植物中ACC的浓度，提高植物对盐胁迫的耐受性，进而促进植物的生长和发育。后期从盐碱地分离出了多种具有促生作用的耐盐生防菌，对植物的耐盐能力以及盐碱地条件的改善都带来了积极的作用。在盐胁迫的环境条件下，植物受到盐胁迫渗透压的影响，导致细胞膜的通道发生失衡，同时活性氧的增加都对植物带来了一定程度的损害。而根际的生防菌能够通过提高氮、磷元素的方式以及产生ACC脱氨酶的方法促进植物的生长，减轻盐胁迫对植物造成的伤害，影响植物的生理生化指标并做出相应的改变。不同的菌株对植物产生的影响也不同，试验结果表明，盐碱地分离得到的菌株对植物耐盐性的影响更为显著，能够更有效地增加植物叶片中叶绿素以及脯氨酸的含量。试验表明向麻风树幼苗中接种丛枝菌根真菌（AMF）菌株，在盐胁迫的环境条件下，能够降低盐胁迫对植物细胞膜带来的损伤，增加植物中叶绿素、脯氨酸以及可溶性糖的含量。

1.4.8　影响植物渗透调节能力

在盐碱地较为严重的生存条件下，随着植物根际盐浓度的增加，导致植物渗透压过高而失水，严重影响植物的正常生长。盐胁迫的生长条件下，植物需要在体内积累更多的脯氨酸以及可溶性糖等有机物来维持内外渗透压的平衡，减少失水过多对植物生长带来的危害。而根际生防菌能够增加植物体内脯氨酸的含量，增强植物的吸水能力，进而减轻了盐胁迫对植物造成的损害。

1.4.9　修复污染的环境

生物修复是借助于微生物、动物或植物对环境中的污染物进行吸收、转移以及降解，达到降低环境中污染物的含量，修复污染的目的。和化学处理方法相比，生物修复具有效率高、污染少等优点，是环境治理极具潜力的方法。在污染较为严重的地方，微生物为了适应高污染的生存环境，能够对环境中的污染物进行吸附和降解，进而提高植株对污染环境的耐受性。前人从重金属污染较为严重的龙葵植株中分离得到了一种植物内生菌株，该菌株能够促进植物对污染物的吸收和转化，增强植株对污染环境的抗性，从而形成环境修复的功能。

1.4.10　改善土壤中的微生物群落结构

生防菌在植物根际定殖，一方面能够促进植物生长，增强植物抗病能力，另一方面能够改善根部周围的微生物群落结构。试验结果证实，在植物根部引入生防菌后，人参的死亡率呈现显著下降的趋势。另外，向植物根部引入生防菌 Y16 后，其不仅能够对土壤中的磷进行溶解，分泌出能够促进植物生长的物质，包括 IAA 以及赤霉素（GA）等激素，提高作物的产量，还改变了植物根部的微生物结构。但目前，对于生防菌在植物根部定殖对于根部微生物群落结构的影响程度研究较少，仍待进一步探究。

1.5　生物防治途径

生物防治的机理就是以菌治菌，主要是利用一些生防菌及其代谢产物，通过寄生、抗生，和病原菌进行营养物质和生存位点的竞争作用，利用菌体或代谢物抑制病原菌的生长，或诱导宿主抗性来抵抗病原菌的入侵，来达到较好的防治效果。因此，人们可以利用一些细菌、放线菌以及真菌等多种生防菌抑制病原菌的生长，控制植物病毒病的发生和传播。而植物病毒病的生物防治的途径主要可以从以下三个方面进行：

（1）利用生防菌菌体本身或者发酵过程中产生的代谢物作为生防因子，通过生防因子的溶菌、拮抗以及和病原菌的竞争机制来抑制病原菌的生长和传播，以达到防治的目的。

（2）增强植物的诱导抗性。利用一些有益微生物或诱导因子对植物体进行诱导，增强植物体对病原菌的抵抗能力，以此来达到防控病原菌入侵的目的。

（3）利用植物的微生态调控来控制植物病虫害的传播。现阶段，由于人类对农业生态环境干预过度，导致很多农田所处的生态环境遭到严重破坏，影响了其所处环境的生物多样性和自身修复能力。

因此，我们可以通过采取一些生物措施调控植株所在的生态环境，增强所处生态环境的多样性和自身修复能力，来达到防控病毒病的目的。现在生物防治已经成为了一些作物土传病害以及植物病毒病防治的重要手段，在应用上安全、环保，符合我国对生态农业以及绿色农业、有机农业的发展理念，对环境无害，能够避免因化学农药给人体健康带来的威胁。

1.5.1 生物防治在植物病毒病防治中的应用

植物病毒病通常对宿主具有较强的专一性。长期化学药物的使用，不仅增强了病毒的耐药性，而且往往达不到理想的效果。因此，现在人们在逐步采用抗病品种来防治昆虫病害的传播，减少对化学农药产生的依赖以及危害。对于植物病毒病的防治，从生物防治领域主要可以分为下列9个方面进行防治。

1.5.1.1 加强田间管理

在作物生长期间，及时浇水和追肥，注重氮、磷、钾肥之间的配合施用比例，再和硅酸盐的化肥配合。满钾肥，早追肥，密切配合，促进农作物茁壮生长。农田基础建设要做好，及时排水以及合理灌水。同时，及时对田间的病毒侵染源进行清理，田间一些残枝败叶也要及时清理。对播种时间进行合理轮作分配以及套种管理，及时清理田间已经感病的植株。另外，对传染性较高的病毒，需要加强田间卫生管理，加强对机械以及劳动工具消毒杀菌处理。

1.5.1.2 利用繁殖材料脱毒

利用植物组织进行繁殖，解决作物传毒带毒的问题。该方法短期内具有较好的效果，但工作量较大，后期作物产量严重降低，影响脱毒种苗的进一步推广和应用。

1.5.1.3 切断病毒介体

植物病毒病的传播往往需要介体作为媒介进行传播。人们可以通过化学农药、生物农药或者诱捕的方法对昆虫进行防治，达到病毒病防治的目的。例如，在进行作物种植前以及种植时，对地面以及作物周围喷洒一定浓度的杀虫剂，将携带以及能够传毒的昆虫消灭，切断传播途径。另外也可以在植株上喷施一定浓度的矿物油，或者信息素的衍生物，再利用昆虫的驱避剂来阻断昆虫对病毒的传播。另外还可以利用一些昆虫的天敌或者是一些能够寄生的动物对其进行捕食，控制昆虫的数量以及生长，以此达到切断病毒传播介体的目的。

1.5.1.4 弱毒株保护

研究发现，当植株被病毒侵染后，若引起的发病症状较为轻微，其可以保护自身免受更为严重病虫害的入侵，因此可以人为地、有目的地让植株感染上弱毒病毒，激发植株自身免疫力，保护植株免受严重病害的入侵。目前，这种交互保护的方法已经在柑橘果园中取得了较好的应用，能够有效地避免柑橘被危害更为严重的病毒病侵染，减少了果农的损失。

1.5.1.5 化学药剂防治

化学药剂是目前防治病虫害见效最快、且效果最佳的防治手段。目前，全世界研制出并已经商品化的化学药剂有30多种，主要为一些小分子有机化合物、氨基酸、无机盐、生物碱及其他的一些衍生物等。这些化学合成药剂能够在病毒入侵后对病毒的繁殖起到有效的阻碍作用。目前，常用的用于病虫害防治的化学药剂主要是DTT、病毒唑、DA、DHA、5-氟尿嘧啶、马林甲基四氢嘧啶、三嗪类衍生物以及苯甲酰聚胺类等物质，都对病毒病具有良好的治疗效果。另外一些氨基酸或者氨基酸的衍生物等小分子物质也能够有效地治疗病毒病，能够抑制病毒的复制。例如，菌毒清，对多种作物都具有较好的病毒病防治效果。后期对菌毒清的结构进行修饰，结果显示其对烟草花叶病毒（TMV）的抑制率可达到86%。

1.5.1.6 植物源抗病毒剂

研究证实，一些从植物中提取得到的成分具有抗病毒的效果，主要成分为黄酮类化合物、生物碱类、有机酸、单宁、抗生素以及蒽醌类物质等。其和作物所生长的环境具有较好的相容性，对环境和作物安全无毒，具有较为广阔的发展潜力。例如，从中草药中提取分离到一系列活性物质，能够增强植物自身抗病性。VFB 类植物源抗病毒剂不仅能够促进植物生长，提高作物量和品质，而且对多种病毒病均具有良好的预防效果。

1.5.1.7 微生物源抗病毒物质

一些研究发现，多种微生物的蛋白、多糖以及酶等物质对病毒具有较好的防治作用。已经报道出的具有抗病毒活性的微生物有荧光假单胞菌、枯草芽孢杆菌、链霉菌、大丽轮枝菌、杏鲍菇、金针菇以及云芝等微生物。其胞外聚合物大多具有抗病毒病的活性，并进行了大量的研究。

1.5.1.8 动物源抗病毒物质

动物体内的一些成分也具有抗病毒的活性，常见的是一些蛋白质或者寡糖类物质。研究证明动物体内的寡聚壳聚糖处理烟草，能够有效抑制 TMV 病毒在植物体内的复制和传播。将烟草植株体内 Ca^{2+} 信号途径阻断后，发现其对 TMV 抑制功能显著降低，因此可以得出结论，寡聚壳聚糖在烟草植株中抑制 TMV 的增殖可能是通过 Ca^{2+} 信号途径进行的。后期研究学者利用壳寡糖对几种烟草进行处理，结果表明在心叶烟植株中，其能抑制 78% 左右的病毒传播。其在烤烟 NC89 植株中发挥最好的抗病效果。另有研究工作者分离到了一种水生生物的蛋白，对其进行纯化操作后，发现其对 TMV 病毒具有较好的抗性。

1.5.1.9 选用抗性品种

对于植物病毒病以及昆虫最好的防治办法就是选育出一些抗性较好的品种进行种植。例如，在防治草莓茎基腐病时，可以通过选育具有抗性的草莓品种。不同的抗病品种在草莓质量以及抗病虫害的种类之间存在一定的差异性。如品种早红光以及宝交早生等品种对草莓茎基腐病的抗性较强。目前在我国种植最多的草莓品种为甜查理、图德拉等。

1.5.2 生防菌作用研究

植物病虫害严重危害我国农作物的产量以及质量。长期以来，化学农药应用于病虫害防治取得了较好的防治效果。但高频率的施用，带来了一系列污染以及耐药性增强问题：致病菌耐药性的增强，化学农药浓度以及含量的增加，大量农药残留在土壤、水体以及农作物中。这不仅污染环境，对生态环境造成破坏，还威胁着人类和动物的健康。而生防菌繁殖速度快，环境适应性强，易于培养，在病虫害防治中进行了大量的研究。其无毒无害，对环境友好，符合可持续农业发展的需求。对于生防菌的筛选，应用于植物病虫害治理并取得较好防治效果的主要是植物的内生细菌以及根际细菌，也有少量的叶际细菌在病虫害防控中也发挥着重要的作用。

内生菌通常分布于植物细胞内以及组织间隙，能够和植物之间建立稳定的寄生关系。内生菌在寄生生长过程中能够分泌出促进植物生长的激素，如ACC脱氨酶、生长素以及乙烯等小分子化合物，另外还具有固氮、解磷以及产生铁载体的功能，促进寄主植物的快速健康生长。内生菌寄生于植物内部，受外界环境影响较小，能够和病原菌共同竞争生存位点以及营养物质，争夺生态位，减少病原菌营养供给，阻止病原菌生长以及繁殖，进而减少对植物的侵害。另外，有报道声称内生菌还具有降解植物中污染物的作用，并能够应用于重金属污染土壤的修复工作中。根际细菌一般是生活在植物根部土壤中的一类细菌。通过在根部周围分泌一些化学物质，对植物的生长以及发育进行调节。根际细菌依赖植物根部的营养物质进行自身生长和繁殖，并能够分泌出促进植物生长的激素调节植物的生长。或者可以抑制病原菌的生长，间接降低病原菌对植物生长带来的危害。生防菌在植物病虫害防治中的应用将会替代传统化学农药的依赖，具有广阔的发展前景。

1.5.3　生防菌的生防机制

抗生作用是指生防菌能够分泌出一系列胞外产物，这些胞外产物能够直接杀死或者抑制病原菌的生长，也可能是利用菌体间的群体感应而形成一个不利于病原菌生长的生态环境，以此来抑制病原菌的生长。利用生防菌抗生作用最关键的一步就是进行生防菌的筛选。例如，一些细菌能够产生抗生素，这些抗生素可以和病原菌细胞膜上面的胆固醇发生结合，以此来破坏病原菌的细胞膜，对病原菌的蛋白合成带来抑制作用，从而可以降低病原菌带来的危害。常见的一些抗生素如青霉素、链霉素以及利福平等，都是由细菌发酵产生的代谢产物。另外，有些细菌能够产生一些酶类化合物，破坏真菌的细胞壁，造成真菌原生质体解体，以此来减轻一些线虫引起的病害。一些生防菌的共培养过程中也会产生能够抑制病原菌的抗生素，如芽孢杆菌以及荧光假单胞菌在共同培养条件下能够产生抗生素，应用于草莓灰霉病的治理中。

竞争作用包含营养竞争和空间竞争。细菌菌株在植物根际和叶际表面均能够形成生物膜，提高菌株的定殖能力和对外界环境的抵抗力，同时也可以占据有利的生态位点，增强自身的营养竞争优势。有报道表明，内生枯草芽孢杆菌B47能够成功在土壤以及番茄植株中定殖，试验证明菌株的定殖能够显著抑制青枯病原菌的生长，减弱病原菌对宿主植物的入侵带来的危害。铁元素是微生物在生长过程中所必需的微量元素，对微生物生长发挥着重要的作用。铁元素在地壳中有较高的含量，生防菌为了能够吸收更多的铁元素，能够将铁的一个配体嗜铁素运送到细胞中，为自身争取到更多的 Fe^{3+} 离子。荧光假单胞菌菌株能够产生络合铁离子的铁载体，而病原菌会因铁离子的缺乏影响生长，进而减轻了植物所受到的侵害。CHEN 等人报道枯草芽孢杆菌能够在番茄根部定殖，其定殖形成生物膜的能力和其防控能力成正相关。另外，一些生防菌株能够产生嗜铁素，以此来提高菌体本身和铁离子的结合能力，抑制病原菌的侵害。另外，可以利用木材中的腐朽菌对叶松腐心病菌的生存空间进行竞争，抑制病原菌的复制和繁殖。丛枝菌能够在根部生态环境中和病原菌竞争营养物质以及生态位点，阻碍病原菌病的传播。

寄生作用分别为直接寄生以及重寄生。直接寄生是指生防菌能够在病原菌或昆虫体内进行生存。例如，白僵菌，作为一种虫生真菌，能够侵入200多种昆虫以及螨虫体内进行寄生繁殖。以昆虫以及螨虫的细胞组织作为营养物质，供给自身的生长以及繁殖。在生长代谢过程中，白僵菌能够产生大量的白僵素以及草酸钙结晶，这些物质能对昆虫带来毒害作用，致使昆虫的新陈代谢被打乱，导致其死亡，从而达到防治病虫害的目的。重寄生是指生防菌能够对病原菌进行识别、接触、穿透以及寄生等一系列复杂的寄生过程。例如，木霉菌在寄生于病原菌的过程中，首先是病原菌能够分泌出能够驱动木霉菌寄生的物质，当建立识别关系后，木霉菌和病原菌之间就建立了稳定的寄生关系。随后木霉菌会沿着寄主的菌丝进行生长，在生长过程中，能够分泌出胞外酶对寄主的细胞壁进行溶解，吸取寄主体内的营养物质，并最终导致寄主的死亡。

定殖作用是微生物在植物根部或者叶部定殖是其发挥生防作用的第一步。微生物在植物上的定殖过程可分为趋化、黏附、结合以及侵入四个阶段，依赖植物分泌的营养物质供给自身生长和繁殖。在趋化阶段，植物能够分泌出诱导细菌靠近的物质，后期细菌在植物分泌物的作用下对植物细胞进行信号识别，完成细胞对植物的黏附和结合，最后定殖于植物根部，进行自身的生长和繁殖。

诱导抗病性是指在植物生长过程中，并非一直处于防御状态。当植物体受到外界刺激后，会诱导植物体快速反应，表达出相对应的抗性来减弱外界刺激对植物体带来的损伤。例如，芽孢杆菌菌株能够诱导番茄、黄瓜以及马铃薯等作物产生诱导系统抗性（induced systemic resistance, ISR），引起植物体内一些激素茉莉酸（JA）和乙烯（ET）含量的上升，从而抑制一些病原菌、病毒和昆虫的侵害。另外，一些生防菌能够诱导植物，增强植物对外界环境的抵抗力，不仅提高植物抗病毒病的能力，还能够增强植物抗逆性、耐盐碱以及抗重金属的能力。生防菌可以通过协同多重作用机制，直接抑制病原菌的生长或诱导宿主抗性，增强宿主抵抗能力。其中，诱导抗病的过程可以分为三个阶段，分别为信号的识别、信号传导以及防御基因的表达。防御体系也可以分为两种，一种为依赖水杨酸信号途径的系统获得性抗性（SAR），另一种为以茉莉酸/乙烯传递信号的系统诱导性抗病（ISR）。

钝化病毒是指生防菌能够破坏病毒粒子的结构来达到钝化病毒的目的。将白花蛇舌草的提取液和TMV病毒粒子进行充分混合，再利用负染法结合电镜，对病毒粒子的形态进行观察，结果发现病毒粒子大多出现了断裂。同时，以心叶烟作为研究对象，分别接种TMV以及提取液和TMV病毒粒子混合液，结果表明接种混合液烟草叶片上只有22个枯斑，而只接种TMV病毒粒子的烟草叶片上，枯斑数高达143个，因此表明，白花蛇舌草的提取液能够有效地钝化TMV病毒。同样的，人们发现壳寡糖也能使TMV病毒粒子发生断裂，达到钝化病毒的目的。

寄主治疗是指一些生物农药能够对已经被侵染植株的病毒起到抑制作用，从而达到治疗寄主的目的。研究发现，甲氧基丙烯酸酯类的物质在含有二硫缩醛后，在TMV防治中发挥着良好的效果。从瑞香狼毒根中萃取得到了一种活性成分为狼毒素A，其对TMV病毒也具有较好的防治效果。另外，乙醇的提取物也能够有效地治疗已经感染TMV病毒的番茄植株。

促生作用是指生防菌具有固氮能力，能够将空气中的氮气进行转化，供宿主植物吸收和利用。生防菌在宿主植物根部定殖后，可以和宿主协同固氮，维持植物氮素平衡。另一些生防菌能够具有解磷的作用，能够将土壤中的无效磷释放出，供植物体吸收和利用。生防菌对植物促生作用的机制也有很多研究，例如，生防菌能够通过对植物的生长进行刺激，进而减少植物受到的侵染。生防菌在生长代谢中能够分泌出一些能够促进植物生长的激素分子，如IAA、细胞分裂素、脱落酸、赤霉素等物质。对于植物来讲，幼苗以及长势较弱的植株更易受到病原菌的侵染，而长势较为强壮的植株对各种病毒具有强的抵抗力。试验证明，一些有益生防菌的施用，能够促进植株的苗壮生长，进而增强植物对外界环境的耐受性。研究表明，一些生防菌如芽孢杆菌，光合细菌等菌株在生长代谢过程中能够分泌出IAA、乙烯等类似物，提高植物对环境中营养物质的利用效率，促进植物的快速生长。例如，植物根际促生菌（PGPR）在和植物互作过程中可以产生能够储存磷的植酸酶，在植酸酶的水解作用下，能够将植酸水解生成肌醇以及磷酸，促进植物对磷的吸收。另外植酸还可以与多种有益微量元素进行螯合作用，对植株中的微量元素起到固定的作用。另外，生防菌能够在生长代谢过程中产生一系列降解酶，将环境中或者自身分泌的一些大分子物质降解成植物以及自身能够利用的小分子物质，有助于自身以及植物对外界营养物质的吸收和利用。此外，一些生防菌能够吸附土壤中的重金属离子以及残留的农药成分，提高农作物的产量以及品质。

土壤修复作用：研究表明，一些生防菌能够通过溶解、吸附以及富集等作用对重金属污染田地进行修复。在重金属污染较为严重的环境条件下，一些微生物能够分泌出胞外蛋白、胞外多糖、酯类以及有机酸等物质，能够和土壤中的重金属离子发生络合和吸附作用，形成沉淀物，降低重金属对植物以及农田生态系统带来的污染和危害。例如，一些芽孢杆菌能够分泌出脂蛋白，能够通过配位键的作用和金属离子发生结合，对 Gr（Ⅲ）的去除率可达到98%左右。另外一些芽孢杆菌能够产生脱落酸、尿素酶以及吲哚-3-乙酸等物质，能够通过吸附或者生物沉淀等作用去除镉和铅，或者通过提高土壤的 pH 来降低金属离子带来的危害。枯草芽孢杆菌能够和金属离子发生螯合作用来降低环境中金属离子的浓度。生物吸附是利用细胞表面一些聚合物及官能团对金属离子发生吸附作用，再通过细胞的转运功能将金属离子运输到细胞内部，从而能够降低环境中金属离子的浓度。一些微生物的胞外聚合物中含有大量的羟基、羧基、氨基等活性基团，这些基团能够和重金属离子发生结合作用，实现微生物对金属离子的吸附。例如，地衣芽孢杆菌对 Ag（Ⅰ）的吸附量以及吸附率可达到73.6mg/g 以及73.65%。除此之外，微生物还能够对金属离子发生转化作用。即通过氧化或还原等一系列反应，对金属离子的溶解性以及毒性进行改变，降低金属离子的毒性。例如，一些枯草芽孢杆菌、蜡样芽孢杆菌以及巨大芽孢杆菌可以分泌出一些酶，利用酶的作用改变金属离子的价态，从而降低重金属离子的毒性。

群体感应机制是指微生物在生长过程中能够分泌出一系列小分子化合物，当细菌或真菌生长达到一定的浓度值时，这些小分子物质的浓度也会达到一定的阈值，可以结合某种特定的受体蛋白，进而能够激活或抑制相关基因的表达，并对其生理生化行为带来了变化。例如，对马耳他布鲁氏菌来说，群体感应系统中的 VjbR 蛋白能够对Ⅳ型分泌系统中的毒性因子的表达以及鞭毛的形成过程进行调控。因此，人们可以利用通过对病原菌群体感应系统进行调控，达到控制病原菌侵染的目的。对于革兰氏阴性菌，其能够以 S-腺苷甲硫氨酸（SAM）作为底物，在酰基载体蛋白以及 Lux Ⅰ蛋白的共同作用下合成酰基高丝氨酸内酯（AHL）类型的信号分子，调控菌体的行为特征。另外，群体感应系统对生物膜的形成也具有较大的影响作用。在实际应用中，人们可以采用以下三种方法对信号分子的形成进行干扰。第一种为干扰其合成蛋白，即从源头对信号分子的合成进行抑制。第二种为对信号分子进行降解，对菌株所产生的信号分子物质进行降解，在这种情况下，即使菌体的浓度达到一定的临界值，信号分子的浓度未达到相应的阈值，也不能激活相关基因的表达，进而对菌株的行为不产生调控作用。第三种为阻止信号分子结合受体蛋白，阻碍信号分子和菌体受体蛋白的结合，进而不能抑制或促进相应转录因子的表达，不对菌体的行为进行调控。例如，在芽孢杆菌的质粒中发现了一种基因 *aiiA*，其能够调控 AHL 酶，对 AHL 进行分解。因此，将该基因转移到荧光假单胞菌菌体内，降低土豆软腐病带来的危害。MORTEN 等人通过降解群体感应系统中的受体蛋白，来抑制群体感应介导的致病因子的表达以及表型。目前，对群体感应系统进行调控及干扰，是抑制植物病原菌传播的热点。

1.5.4　生防菌种类

生防真菌：在农业领域常用的生防真菌主要有木霉、镰刀菌、粘帚菌、黄色蠕形霉、葡柄霉等。其中，木霉的应用最为广泛。研究表明，在田间施用木霉后，田间防效可以达到 42% 以上。1996 年，张世平等人利用木霉菌肥和有机肥进行配合施用，在很大程度上提高了土壤中有机质的含量，也极大地丰富了土壤中微生物的群落结构，以此达到防病、增肥的双重效果。另外，一些真菌能够产生大量蛋白质、多糖以及多聚糖肽等物质，对病毒具有一定程度的抑制作用。其中，云芝多糖肽对 TMV 病毒具有显著的抗病效果。细极链格孢菌真菌菌株在生长过程中能够产生一种诱导植物免疫防御反应的热稳定蛋白，能够增强植物对 TMV 病毒的抵御能力。后期人们研究发现云芝的代谢产物不仅对马铃薯 Y 病毒（PVY）具有较强的防控能力，同时能够起到钝化病毒、抑制病毒复制以及增殖的作用。此外，一些真菌产生的次级代谢产物也能抑制病毒的复制和增殖。例如，粉霉素能够有效抑制南方菜豆花毒的复制以及增殖。疫病菌素是由栗疫菌所产生的一种次级代谢产物，可以阻止水稻普通矮缩病毒中的转录，进而抑制病毒的复制和增殖。

生防细菌：常用的生防细菌主要有沼泽红假单胞菌、芽孢杆菌、黄单胞杆菌、荧光假单胞杆菌以及棒状杆菌。生防细菌主要是通过菌株产生菌肽、脂类、多糖和氨基酸等多种抗菌物质，通过抑制病原菌的生长或诱导宿主产生抗病性，来达到抗病的目的。前人报道蜡样芽孢杆菌 ZH14 菌株的发酵液能够显著抑制 PVY 病毒的复制。另有人从荧光假单胞菌菌株中分离得到了一种活性蛋白 CZ，在温室的环境条件下，其钝化 TMV 病毒的效果可达到 88.3%，对 TMV 感染植株治疗效果为 59.2%。

两年的田间试验结果表明，该蛋白在田间环境条件下，对感染TMV病毒植株的治疗效果分别达到58.2%和47.6%。郭坚华团队分别从不同的环境中分离到了蜡质芽孢杆菌、阿氏肠杆菌以及成团泛菌，后期试验证明其对番茄黄化曲叶病毒具有较好的防控效果。金黄杆菌对PVY病毒具有明显的抑制效果。

生防放线菌：具有生防作用的放线菌以链霉菌为主。刘大群的研究发现拮抗链霉菌及其次生代谢产物在温室以及大田实验中对黄萎病都具有良好的防控效果。从诺尔斯链霉菌中分离得到的宁南霉素，对TMV的抑制效果可达到58.1%。张兴教授从土壤中分离到了一株对TMV具有显著抑制活性的菌株金纳斯链霉菌，对其发酵液中的活性成分进行提取和鉴定，通过对其发酵工艺条件进行优化，提高活性糖蛋白的产量。

1.5.5　生防菌的定殖研究

生防菌的定殖能力以及稳定性是生防菌生防功能发挥的首要条件。将外源的微生物引入到植物的根部以及叶面，这些微生物能否在土著微生物的营养竞争条件下存活以及定殖生长，定殖下来的微生物能否发挥其生防作用，一直是科学家们热切关心的问题。因此，生防菌在植物中的定殖能力以及定殖稳定性是生防菌发挥生防作用的关键性条件。生防菌在定殖过程中受到多种因素的影响作用，包括生物因素以及非生物因素。其中，生物因素主要为植物根部分泌物的种类以及数量、土著微生物群落结构、植物的种类以及外来微生物种类等都会影响生防菌的定殖效果。非生物的因素主要包括微生物生存的环境条件，定殖的土壤环境以及结构，周围环境温度、pH等条件。因此，不同的菌株在不同植物中的定殖规律也不尽相同，所以有必要对生防功能较好的菌株在植物中的定殖规律进行研究，为生防菌剂的进一步开发和利用提供理论支撑。

植物诱导系统的启动也需要生防菌的有效定殖。生防菌和植物之间相互作用，建立互惠互利的共生关系。生防菌在定殖过程中能够利用植物所分泌的代谢物作为生长过程中所需的营养物质。尤其是类黄酮以及类固醇内酯等物质，能够激发生防菌产生共生的节点因子，刺激植物共生的信号通路，从而建立共生关系。生防菌在植物根际或叶际定殖后，往往会聚集成细菌微菌落。随着微菌落的生长，会分泌出胞外聚合物等物质，然后形成能够包裹着细胞以及基质的细胞膜。生物膜的主要成分是胞外多糖，多糖能够作为一种信号分子，参与到细菌基质生产的基因表达中，再通过整合自身以及植物来源的信号，统一发挥协调植物生长、供给自身营养以及诱导植物产生抗病性的作用。

　　要想阐明生防菌的定殖动态规律，需要建立一套生防菌定殖研究体系。目前常用的生防菌定殖研究的方法主要有荧光标记法、抗生素标记法、免疫法、基因标记以及活体染色等方法。近年来，随着荧光标记技术的发展以及完善，开发了多种不同颜色的荧光标记基团，包括绿色荧光蛋白（GFP）、红色荧光蛋白（RFP）、黄色荧光蛋白（YFP）等。其中，GFP具有宿主广泛、荧光信号稳定以及对生物体无毒无害等特性，在各行各业研究中都得到了广泛的应用。GFP荧光蛋白基因能在紫外光的激发下发出明亮的绿色荧光，其不需要任何底物以及辅助因子，操作方便，易于检测，广泛应用于对目标基因追踪检测、蛋白互作机制研究以及功能研究中，实现对目标基因或目标菌株的实时动态监测。

1.5.6　生防菌、病原菌和植物之间的互作研究

　　生防菌、病原菌在和植物长期互作中，都会随着环境的变化而不断进化。在三者互作研究中，常见的病原微生物主要是一些病毒、真菌以及细菌病原菌等。病原菌和植物之间的相互作用方式可分为三种，分别为活体营养型、腐生营养型和营养性兼性腐生型。活体营养型主要是指病原菌需要依赖寄主的组织来获得自身生长以及繁殖所需要的营养物质，如常见的卵菌、绣菌以及霜霉菌等都是采用活体营养的作用机制和植物进行互相作用。腐生营养型是指病原菌依赖一些植物或动物的残体作为营养物质，常见的有立枯丝核菌以及胡萝卜软腐欧式杆菌等。营养性兼性腐生型的模式是指病原菌在不同的生长阶段，能够采用不同的作用方式从寄主中汲取营养物质，如丁香假单胞菌以及小丛壳菌等。另外，一些病原菌能够产生一些植物激素，调节植物的动态平衡以及防御能力，助力于病原菌营养物质的获取以及避免抗菌物质对其产生不利的影响。

　　而植物在受到病原菌侵染后，能够触发植物的免疫防御反应，抵抗病原菌的入侵。而生防菌能够在植物未被病原菌侵染时，诱导植物产生抗病性，从而对病原菌起到较好的防控效果。根据作用机制的不同，生防菌分为四类，分别为生物肥料、根际修复剂、生物促进剂以及胁迫控制剂等。生物肥料主要是一些具有固氮、解磷作用的微生物，能够将土壤中一些难以被植物利用的有机物以及磷、钾等物质进行转化为植物能够利用的营养物质。根际修复剂主要是指一些微生物，能够降解植物根部的毒性物质，保护植物免受危害。例如，一些生防菌对水溶性的脂肪酸、简单不饱和内酯、长链脂肪酸以及炔类、醌类等有机物具有较好的分解作用。生物促生

剂是指一些微生物能够分泌出一些次级代谢产物,如IAA、赤霉素以及细胞分裂素等物质,供给植物吸收和利用,促进植物的生长。生物胁迫剂是指一些微生物能够分泌出ACC脱氨酶等物质,该物质能够减少植物体内乙烯的含量,降低植物受到的胁迫作用,从而达到促进植物生长的目的。例如,ACC脱氨酶还能减轻植物受到的重金属胁迫,从而促进植物的生长。

1.6 生防制剂概述

生防制剂是利用微生物菌体或微生物代谢物防治农作物病虫害的一种农药,一般是对一种或多种生防菌进行改良后,在保证菌株生防活性的前提下,对菌株进行大规模的培养,然后经过浓缩、吸附以及干燥等手段加工成具有生防作用的微生物制剂。随着分子生物学技术的发展,通过基因工程的手段对目标菌株进行改造,再经人工选择以及复壮后,得到生防效果更优良的菌株。另有一些增效剂、保护剂以及杀虫毒素类似物等可以当作为一种生物农药应用于农作物产量以及品质的保护中。微生物农药因其对害虫不产生抗药性、安全无污染的特性,被重点应用于蔬菜以及水果的种植中。根据微生物的作用,微生物农药可以分为三种,分别为微生物杀虫剂、微生物杀菌剂以及微生物除草剂。

微生物杀虫剂:根据微生物的种类,微生物杀虫剂又可以分为细菌杀虫剂、真菌杀虫剂、微孢子杀虫剂、病毒杀虫剂等。其中,细菌杀虫剂占据了一大部分,主要包括芽孢杆菌、肠杆菌科、假单胞菌、链球菌以及微球菌科等。真菌的杀虫剂已经登记的有60种,多集中于白僵菌、绿僵菌、拟青霉菌、轮枝霉属等,在很多国家得到广泛的应用。对于病毒杀虫剂,在我国已经成功研制出了20多种病毒杀虫剂,并在大田试验取得了较好的防治效果。应用最多的病毒杀虫剂有棉铃虫核型多角体病毒,小菜粉蝶颗粒病毒、斜纹夜蛾核多角体病毒等。而微孢子杀虫剂具体包含有三种,分别为行军虫微孢子虫、蝗虫微孢子虫以及云杉卷叶蛾微孢子虫等。微生物杀菌剂也可以分为三种,分别为细菌型、真菌型以及抗生素等。细菌型杀菌剂中最常用的微芽孢杆菌、枯草芽孢杆菌、解淀粉芽孢杆菌、蜡状芽孢杆菌、多黏芽孢杆菌以及地衣芽孢杆菌属等。真菌杀菌剂中木霉菌以及粘帚霉菌是研究最为广泛的真菌属。

近年来,大量的研究学者们以及一些农药公司开始着力研究生防制剂来代替传统的化学农药,来应对环境法以及健康法对无农药食品的要求和限制。随着人们生活水平的提高，对有机蔬菜以及水果的需求更为强烈，利用生防制剂治理病虫害得到了人们的广泛关注。利用一些微生物促进植物生长，增强植物免疫防御能力，保护植物不受病虫害的威胁，对人类健康以及环境无害、无污染，且不会造成生态环境的破坏以及微生物多样性的减少，是最佳的生物农药。虽然经过了几十年的研究，现在市场上有关病虫害治理的农药依旧以化学农药为主，生物制剂只占据较小的市场份额。目前，有关生物制剂主要以细菌和真菌为主。生物制剂在病虫害防治过程中，能够采用物理接触或者介导病原体的抗击机制来抑制病原菌的复制和传播，也可以通过激活植物的免疫防御反应体系或者和病原体发生拮抗作用达到抵抗病原体侵染的目的。但生物制剂在发挥作用的时候，会受到多种因素的影响，因此会出现生防效果不稳定的现象。例如，气候的变化、温度、湿度以及pH的变化等都会影响生防制剂的活性的发挥。

生防制剂通常都是一些微生物或微生物分泌出来的代谢产物，来诱导植物的免疫防御反应，抵抗病原体的侵染。常见的生防制剂主要有细菌、真菌、脂肽、蛋白以及一些具有活性的有机物等。

常用作生防制剂的细菌大多为芽孢杆菌、假单胞菌等菌株，菌株本身或分泌出的次级代谢产物能够直接或间接诱导植物抗病性。有人报道从植物的根、茎、叶中分别分离到了四种具有生物活性的菌株，分别为莫桑芽孢杆菌、嗜盐芽孢杆菌、枯草芽孢杆菌以及解淀粉芽孢杆菌，对番茄灰霉菌的抵抗力分别为46%、42%、53%以及27%。同时，利用GC-MS对四种菌株所产生的代谢物进行表征分析表明，四种菌株所产生的活性物质主要为脂肽、表面活性剂、丰霉素以及杆菌霉素等物质，能够抑制病原菌的复制和传播。脂肽是由处于脂质尾部的短肽链构成的，其脂肪链的成都以及分支情况决定了脂肽结构和功能的异质性。脂肽能够作物激发子，激活植物的免疫防御系统，诱导植物产生对于病原体的抗性。另外，人们对枯草芽孢杆菌分泌出的蛋白E2进行了表征分析以及活性探究，结果表明该蛋白对灰葡萄孢菌具有较好的抑制效果，1.04 μg/mL的蛋白对已经培养3天的灰葡萄孢菌的抑制效果可达到55 mm。另外，从茶叶中分离得到的内生菌能够产生多种具有抗真菌活性的有机物，如挥发性有机物（VOCs）、2,5-二甲基吡嗪、4-氯-3-甲基苯酚、苯并噻唑以及2,4-双苯酚等物质，均能够有效抑制真菌病原体的生长和繁殖，甚至可达到100%的抑制效果。此外，人们通过试验证实内生菌 *Phoma terrestris* 对灰霉菌也具有良好的抑制效果，其分泌出的物质对真菌病原菌的抑制效果可达到89%。通过对其代谢物质进行分析，发现其主要成分为 *N*-氨基-3-羟基-6-甲氧基邻苯二甲酰亚胺，5H-二苯并氮杂环庚烯、2-苯基吲哚、3-甲基硫代苯并噻吩、5-（甲氧羰氧基）戊-3-溴-2酚以及5-羟基十二烷酸内酯等物质。

除此之外，根据生防菌剂的形态，可将生防菌剂分为水剂、粉剂、颗粒剂以及可湿性粉剂、片剂以及种衣剂等几种。水剂是在生防微生物在发酵过程中，除了菌体快速增长外，还能够产生大量的代谢产物。试验证明生防微生物在真菌以及线虫病害的防治方面发挥着强力有效的作用。因此，可以将微生物的发酵液作为生防菌剂应用于田间病虫害管理。除此之外，在发酵液运输以及储存时期会受到多种因素的干扰，通常会向发酵液中加入适量的稳定剂和保鲜剂来维持生防菌剂的活性。粉剂是指将微生物发酵完成后得到的发酵液和某种惰性材料按照一定的比例进行混合，然后对其进行过筛，使生防菌剂的粗细处于一个标准水平。粉剂也是目前微生物制剂中常用的一种形态，具有高效的生防特点。相比水剂来讲，粉剂更容易储存和运输。通常在粉剂的制作中，可以适当加入海藻糖保证生防菌剂的效果。颗粒剂是将微生物的发酵液和某种助剂进行混合，形成颗粒状的制剂。将生防菌做成颗粒剂后，对病虫害具有良好的显著效果，在运输以及储存过程中也具有更好的安全性。但其制作成本较高，应用的范围较小。可湿性粉剂是目前微生物菌剂中较为关键的一种。例如，利用枯草芽孢杆菌的可湿性粉剂能够对稻米中的病原菌起到一定程度的防治效果，还能促进植物生长以及增产。片剂是指将微生物菌体和助剂进行混合，再将其压制成片状。研究发现，玫瑰黄链霉菌的片剂对线虫具有较好的防治效果。种衣剂是指将微生物菌体和菌剂混合后，在外部加一层种衣用于保护微生物的菌剂。研究发现，种衣剂在使用过程中具有一定的缓释作用，且无毒无害，对线虫的防治具有较好的效果，并能够促进植物的生长。

沼泽红假单胞菌（Rhodopseudomonas palustris），属于革兰氏阴性菌，作为地球上最古老的一种光合细菌，其富含多种生物活性因子，具有强大的适应能力，被广泛应用于水产养殖、有害物质降解、废水处理、畜禽养殖以及农业生产中。沼泽红假单胞菌在生长中会产生一些化学物质，包括铁载体、核黄素、5-氨基乙酰丙酸（ALA）、胞外多糖（EPS）以及酰基高丝氨酸内脂（AHL）等物质，作为信号传导分子，触发植物免疫功能，诱导植物产生抗病性。SU等人研究表明，沼泽红假单胞菌GJ-22能够显著促进植物生长，且经过GJ-22菌株处理过的烟草表现出明显的抗TMV特性。沼泽红假单胞菌菌体无毒无害、无残留、对环境友好，近年来引起各个领域人们的广泛关注和研究。另外有报道表明，在水中加入沼泽红假单胞菌，能够维持水体pH值的稳定，提高水中的溶氧量，增强一些水生生物的免疫抗性，提高鱼苗的存活率。沼泽红假单胞菌菌体还富含多种生物活性因子、微量元素，在提高生物体抵抗力等方面也发挥显著作用。但其作用机制至今仍未完全清楚。

1.7　生物防治存在的问题

防治效果不稳定。生防菌在不同的环境中，生长速度以及状态都会有很大的差别，进而会影响其生防功能。在不同的外界环境中，生防菌的引入对生态环境的适应性以及微生物群落结构的影响是未知的，其是否能够在新的环境中存活并发挥作用，成功在植物上定殖以及稳定生长和繁殖，以及能够在原有的生物群落中存活下来也是人们急需去解决的问题。这些都影响了生防菌效果的稳定性，也进一步影响生物农药的大规模开发和应用。

生活条件的局限性。微生物只有在合适的温度、pH、土壤类型的环境条件下，才能更好地发挥其生防作用。一些生防菌对环境要求较为苛刻，对环境变化较为敏感，难以适应环境的变化，导致生防功能减弱。另外，长期实验室的驯化条件，导致其在室外生防能力大大减弱。因此，想要大规模应用生物农药，首先要解决菌株敏感性问题以及抗病谱窄的难题。另外，外源引入的微生物很难在土著微生物生态圈中占据定殖优势，因此存在生防功能表达的不确定性。生防菌在植物叶际以及根际的稳定定殖是影响生防菌功能表达的重要因素。和土著微生物竞争生态位点以及营养物质的外源生防菌定殖的首要步骤，也是生防菌定殖的一大难题。同时，在实验室培养的菌株在田间试验，因生存条件的改变，会导致一些生防特性的改变或丢失，也影响了生防效果。

生防机制不清晰。对于生防菌生防机理的研究，目前主要是通过构建突变体的方法，但一些生防菌株进行基因操作难度较大，导致机理不清晰。生防效果波动较大，原因也未得到明确的答案，也影响了生防菌进一步的推广和应用。

生防菌剂标准尚未成熟。目前有关生物农药登记的菌剂较少，尚未形成完整的、系统的农药登记程序及标准。另外，已经销售的生物农药也存在很多问题。例如，生物农药的有效的浓度并未有清晰的标识，作用机理也有待探究，安全性也未明确地标识清楚，甚至还存在虚假宣传、夸大药效的情况。

拮抗能力差，抑菌谱较窄。单一的生防菌对环境依赖性较大，且拮抗能力较弱，因此可以采用复合菌剂的方法，将两种或两种以上的微生物菌剂进行复合，应用于实际病原菌的防治中。研究表明，复合菌剂和单一的微生物菌剂相比，不仅对植物具有更强的促进生长的作用，还具有更高效的防治病虫害的效果。另外，复合菌剂和传统化学农药相比，也具有较大的竞争优势。微生物生长速度较快，且生存条件要求低，适应性强，和植物发生相互作用中能够保持长时间的抗病作用。除此之外，其还能够起到提高土壤肥力以及改善植物生长环境的作用。根据生防菌种类的不同，可将它们根据需要进行复配，常用的复配组合一般为细菌复配组合、真菌复配组合、真菌–细菌复配组合以及真菌–放线菌复配组合等。

利用生物农药，特别是一些有益微生物是当今人们研究的重点领域。引入有益微生物来防治植物病害，是一种较为安全、高效的防治策略。生防菌的施用，在促进植物生长的同时，对环境污染少，且不增加抗药性的优点，符合绿色农业可持续发展的需求。但对生物农药的生防机理还需进一步的研究，加强理论和实践相结合，大力开发并应用生物农药，将会对未来经济、社会以及生态产生不可估量的效益。

参考文献

[1] 张振华. 生防多粘芽孢杆菌SQR-21的定殖与诱导植物系统抗性研究 [D]. 江苏：南京农业大学，2011.

[2] SU P, TAN X Q, LI C G, et al. Photosynthetic bacterium *Rhodopseudomonas palustris* GJ-22 induces systemic resistance against viruse [J]. Microbial Biotechnology，2017，10(3): 612-624.

[3] ZHANG P, SUN F F, CHENG X, et al. Preparation and biological activities of an extracellular polysaccharide from *Rhodopseudomonas palustris* [J]. International Journal of Biological Macromolecules，2019，131: 933-940.

[4] 金浩诚. 几种病虫害防治的脉冲微分模型稳定性和持久性的研究 [D]. 杭州：浙江农林大学，2021.

[5] SHERZAD Z，杨娜，张静，等. 棉花内生解淀粉芽孢杆菌489-2-2对棉花黄萎病的防效研究 [J]. 核农学报，2021，35(1): 41-48.

[6] 赵君，向日葵黄萎病发生规律及综合防控技术研究 [J]. 内蒙古自治区：内蒙古农业大学，2016.

[7] BENEDUZI ANELISE, AMBROSINI ADRIANA, PASSAGLIA LUCIANE M P. Plant growth-promoting rhizobacteria (PGPR): Their potential as antagonists and biocontrol agents.

［J］. Genetics and molecular biology，2012，35(4): 1044-1051.

［8］刘栋.生防芽孢杆菌对植物的促生作用及其机理的研究［D］.济南：山东师范大学，2009.

［9］黎起秦，罗宽，林纬，等.内生菌B47的定殖能力及其对番茄青枯病的防治作用［J］.植物保护学报，2006，33(4): 363-368.

［10］KUAN K B，OTHMAN R，ABDUL R K，et al. Plant growth-promoting rhizobacteria inoculation to enhance vegetative growth，nitrogen fixation and nitrogen remobilisation of maize under greenhouse conditions［J］. PloS one，2016，11(3): 1-19.

［11］PEERAN M F，NAGENDRAN K，GANDHI K，et al. Water in oil based PGPR formulation of *Pseudomonas fluorescens* (FP7) showed enhanced resistance against Colletotrichum musae［J］. Crop Protection，2014，65(4): 186-193.

［12］NADEEM S，AHMAD M. ZAHIR Z. The role of mycorrhizae and plant growth promoting rhizobacteria (PGPR) in improving crop productivity under stressful environments［J］. Biotechnol Advances，2014，32(2): 429-448.

［13］陈志垚.马铃薯疮痂病菌拮抗细菌的筛选及其生防机制初步研究［D］.大庆：黑龙江八一农业大学，2021.

［14］张世平.棉花枯黄萎病生物防治新途径［J］.中国棉花，1996，23(7): 4-6.

［15］聂太礼，王梦亮，杨军，等.棉花黄萎病拮抗菌的筛选和增产效果研究［J］.江西棉花，2011，33(1): 7-11.

［16］刘大群，杨文香，祁碧菽，等.拮抗链霉菌Menmyco-93-63及其发酵液对棉花黄萎病菌生长的影响［J］.河北农业大学学报，1999(7): 35-36.

［17］肖华.金针菇毒素FTX的原核表达体系构建及其对TMV的抗病性机制分析［D］.南昌：南昌大学，2020.

［18］蒋春号.蜡质芽孢杆菌AR156诱导植物对丁香假单胞菌及南方根结线虫抗性机理研究［D］.南京：南京农业大学，2016.

［19］任鹏举.芽孢杆菌及其脂肽化合物诱导烟草抗TMV的效果和机理的研究［D］.南京：南京农业大学，2013.

［20］沈硕.抑制马铃薯Y病毒活性菌株的筛选及其活性组分的研究［D］.青海：青海大学，2019.

［21］钱佳琳.柑橘溃疡病生防细菌的筛选及其在脐橙叶片上的定殖研究［D］.赣州：江西理工大学，2020.

［22］王剑锋.拟南芥内生菌 *Bacillus sp.* LZR216影响拟南芥生长发育的机理研究［D］.兰州：

兰州大学，2015.

［23］王小显.苏云金芽孢杆菌和解淀粉芽孢杆菌在叶际的行为及生态效应研究［D］.南京：南京大学，2013.

［24］周冬梅.植物-微生物互作提高植物抗生物和非生物胁迫能力的机理研究及应用［D］.南京：南京农业大学，2015.

［25］柴阳阳.DBP对蔬菜叶际、根际微生物和内生菌群落结构的影响［D］.青岛：青岛科技大学，2018.

［26］王博.阿萨尔基亚芽孢杆菌在新疆棉株中的定殖及其微生态效应的研究［D］.塔里木：塔里木大学，2020.

［27］潘晓梅.番茄灰霉病生防菌的筛选及防治效果研究［D］.兰州：兰州交通大学，2020.

［28］郑旭蕊.复合微生物菌剂的研制及其对尖孢镰刀菌防治效果研究［D］.哈尔滨工：哈尔滨工业大学，2021.

［29］韩星，基于贝莱斯芽孢杆菌生防制剂的研制及其示范作用［D］.天津：天津农学院，2021.

［30］方伟.解淀粉芽孢杆菌WK1的功能基因分析及其在山核桃树的定殖研究［D］.杭州：浙江农林大学，2019.

［31］周银迪.生防菌Ag8对樱桃根癌病的防效及相关基因生物学功能研究［D］.天津：天津农学院，2021.

第2章 绿色荧光蛋白标记

2.1 绿色荧光蛋白

绿色荧光蛋白（green fluorescent protein, GFP）最早起源于海洋中一种水母体内的荧光蛋白。这种蛋白能够在紫外光的激发下发出明亮的绿色荧光信号。1985年，PRASHE等人在从克隆维多利亚水母的体内克隆一种名为aequorin的生物发光蛋白质的时候，得到了一个含有绿色荧光蛋白信号的基因片段。1992年，RASHER等人首次在水母体内克隆得到了绿色荧光蛋白的基因，随后应用于生物体的标记。1994年，CHALFIE等人将GFP基因插入在大肠杆菌以及秀丽隐杆线虫中，使其产生GFP荧光信号，并检测到了荧光，证明GFP可以作为一个自发荧光蛋白。另外，有研究学者发现GFP蛋白中Ser65-Tyr66-Gly67氨基酸残基为荧光蛋白的生色基团，且荧光蛋白的表达属于自发氧化的过程，不需要细胞体内其他酶或者其他辅助因子的参与。如今，绿色荧光蛋白基因已经被认为是一种优异的标记蛋白，在生物体基因表达、蛋白互作定位研究、基因敲除以及微生物定殖、传感器开发与应用等领域广泛应用。

野生型绿色荧光蛋白包含了238个氨基酸结构的发光蛋白，分子量大小为21 kDa。氨基酸残基单链通过α-螺旋或者β-折叠的形式组成一个筒状结构。绿色荧光蛋白的生色基团位于氨基酸序列64~69位，在蛋白质进行翻译、合成后，再经过蛋白质的折叠和构象改变，在相应的紫外光的激发光下，就能激发出绿色荧光。其中66号位的氨基酸需要α、β两个化学键之间脱氢，绿色荧光蛋白要想形成正常的构象，还需要经过一系列的氧化还原反应。所以，GFP蛋白在弱碱性的条件下荧光表达更为稳定。GFP报告基因和其他标记基因相比，有很多不可比拟的优点，但在应用过程中，存在荧光弱、在一些绿色植物中不易观察、表达效率低等问题，限制了其进一步的开发和应用。所以很多研究学者将精力投入GFP突变体的研究中。但很多GFP的突变体荧光表达都会受到温度和pH的影响，且对激发光较为敏感。2002

年，HU等研究人员利用双分子荧光互补技术（BiFC）在荧光蛋白中找到了合适的分割位点，但在蛋白互作研究中，荧光信号较为滞后，影响了在蛋白互作研究中的实时观测以及过程中的动力学分析。2005年，有报道称通过DNA随机突变技术获得了产折叠绿色荧光蛋白（super folder GFP）。将绿色荧光蛋白基因分为两个部分，分别为氨基端片段（GFP1-10: 1-214氨基酸）和羧基端片段（GFPII: 214-138氨基酸）。在发光过程中，GFPII首先和目的蛋白发生融合，然后再和GFP1-10发生混合，形成GFP成熟的发光基团，可应用于活细胞或细胞裂解物中可溶性蛋白或不溶性蛋白的标记和检测。绿色荧光蛋白作为极为价值的生物学工具，能够对目标信息进行实时定位监测（图2-1）。

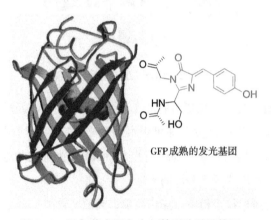

GFP成熟的发光基团

图2-1 绿色荧光蛋白生色基团分子结构图

野生型绿色荧光蛋白在研究过程中表达会发生错误折叠的现象，进而导致其荧光强度降低。为了获得更稳定、强度更高的绿色荧光蛋白的突变体，更多的研究开始集中于对野生型荧光蛋白进行定向改造。超折叠绿色荧光蛋白（super folder green fluorescent protein, sfGFP）作为GFP突变体的一种，有效地避免了与其他蛋白融合后，GFP的折叠预荧光降低的不利影响。其自身可溶性高，和野生型GFP相比，荧光表达性能更为稳定，荧光信号也更为强烈。超折叠绿色荧光蛋白，不仅具有稳定的结构以及良好的特性，在溶解度以及折叠能力等方面也具有优异的表现。所以，现在超折叠绿色荧光蛋白已经被开发出来，作为一种优异的融合标签，应用于大肠杆菌中提高融合蛋白的溶解度。另外，有学者发现，sfGFP在大肠杆菌中的作用过程可以分为以下三个部分：首先是内膜转位，然后是外膜转位，最后就是胞外分泌。除此之外，sfGFP可以引导分泌蛋白进行胞外分泌却不对融合蛋白的构象以及功能带来影响，同时还能够提高其可溶性。基于以上特性，研究人员开发了一套由大肠杆菌sfGFP介导的以sfGFP为*N*端蛋白进行分泌表达异源的新型分泌系统（图2-2）。总之，相对于其他标记基因，GFP具有以下特点：

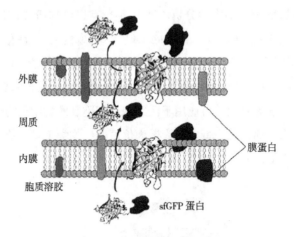

外膜

周质

内膜

胞质溶胶

膜蛋白

sfGFP 蛋白

图2-2　sfGFP蛋白的分泌机制

（1）荧光检测方便。荧光基团的发光不需要任何底物以及辅助因子，只需要利用荧光显微镜在紫外光的激发下即可观察到荧光，或者是利用手提紫外灯在紫外光的激发下，可直接用肉眼观察到绿色荧光。GFP荧光标记的方法简单、灵敏度较高，在检测过程中不需要任何基质的辅助。

（2）绿色荧光蛋白易于检测且操作简单，灵敏度较高。

（3）荧光性能稳定，对多种光线具有较好的耐受性，且能够忍受长时间的光照辐射。即使是利用甲醛固定以及石蜡包埋等方法处理样品，对荧光蛋白的表达也不产生影响。除此之外，GFP蛋白在高温（65℃）的条件下能够稳定地表达出绿色荧光。但在90℃，pH<4.0或者pH>12.0的条件下，会导致GFP蛋白的变性。但当温度以及pH条件恢复到正常时，部分的GFP蛋白能够复性。

（4）绿色荧光蛋白具有广宿主性，能够在多个物种中进行荧光信号的表达，通用性较好，不存在种属差异性，既能在真核生物中进行荧光蛋白信号的表达，也能够在原核生物中表达。因此应用范围较为广泛。

（5）对细胞无毒害。传统的荧光标记基因会对细胞产生毒害作用，且会随着细胞的传代，荧光信号会减弱，不利于应用于对细胞的长期观察。GFP的插入，对宿主细胞不产生任何不利的影响，无毒无害，且对目的基因功能的表达不产生任何影响，对受体细胞的遗传转代也基本不产生影响作用。

（6）GFP分子质量较小，易于标记载体的构建，且对宿主生物活性的影响较小。

在选择报告基因的时候，尽可能选择一些分子质量较小的基因，对连接的目的基因功能的表达不产生影响作用。而GFP蛋白仅有238个氨基酸序列，基因序列也只有2.6kb，因此可以将GFP序列和其他目的基因连接在一起，共同构建成重组载体，应用于对质粒的改造中，不影响重组载体的转化效率。

（7）绿色荧光蛋白结果较为可靠，假阳性的概率较低，提高了结果准确度。

（8）能够在活体细胞中稳定表达，且不会对正在生长中的细胞组织造成损害，可用于活体细胞的实时定位的监测以及定殖表达分析，也可以用于对目标基因或蛋白的定位研究。

（9）突变体易得。可通过对GFP基因进行改造，得到应用更为精确的绿色荧光蛋白。可以通过对GFP基因进行点突变，进而对其氨基酸组成以及顺序进行调整，对其荧光性能进行改变。例如，通过对荧光蛋白S65T和RSGFP4中进行三个氨基酸位点的突变，加快生色基团的形成，增强荧光的亮度。还可以对GFP基因进行改造，使其能够更适应于细胞受体，提高重组载体在细胞中的转化效率以及荧光蛋白的表达效率。因此，绿色蛋白因其独特的特性，在分子生物学、细胞生物学以及医学等研究中被广泛应用，给各类研究带来了极大的便利。

但GFP基因也存在一些缺点。

（1）对温度敏感。GFP最原始是来自管状水母细胞中，因此，在较为合适的温度范围内（20~30℃）才能够表达出明亮的绿色荧光。

（2）检测的敏感度较低。GFP作为在活细胞体内的一种分子探针，若是在细胞体内含有的成分较少，很难能够在单细胞层面对荧光蛋白信号进行检测。因此会要求在细胞体内荧光蛋白的含量达到一定的浓度，才可以借助于荧光显微镜观察到荧光蛋白信号的定位以及移动规律。

（3）会发生背景干扰。当绿色荧光蛋白基因应用于在植物细胞中定位检测时，或者是应用于含有绿色荧光物质的定位研究时，植物细胞中的叶绿素或荧光信号会干扰对GFP的识别。

随着技术的发展和为了获得更大波长范围以及更为稳定的荧光蛋白，越来越多的生物技术手段应用于荧光标记蛋白的改造中。目前可以通过改变绿色荧光蛋白结构中的生色基团氨基酸的序列和构成，更换基因启动子、插入内含子，再通过剔除部分GFP剪切位点完成对GFP基因的改造。经过改造后的荧光蛋白，荧光表达强度和效率更高，激发光种类也更为丰富，激发光波长也更为宽泛，极大地扩大了荧光蛋白的应用范围。现在，研究工作中常用到的荧光蛋白有红色荧光蛋白

（red fluorescence protein, RFP），其是在GFP荧光蛋白的基础上对氨基酸的组成进行改变，使其激发光波长红移，在490 nm处能够发出明亮的红色荧光信号，改善了GFP在荧光表达过程中受背景干扰的情况。1999年，MATZ等人报道了一个从香菇珊瑚中国分离出来的红色荧光蛋白，命名为DrFP583。Dr指香菇珊瑚（*Discosoma sp.*），FP指荧光蛋白（fluorescent protein），583代指该荧光蛋白的发射波长为583 nm。另有两种从拳头海葵中分离出来的红色荧光蛋白eqFP611和eqFP578。DsRed在发现后被广泛关注，避免了使用绿色荧光蛋白标记产生的背景辐射过强问题。相比GFP的晶体结构，DsRed的结构的生色团多了一个酰基基团。DsRed在发光过程中，会先形成一个能发出绿色荧光信号的发色基团，随后会逐渐氧化为红色荧光基团，限制了DsRed的应用。随后，人们对DsRed的晶体结构进行突变，筛选出表达效率较高的突变体，解决红色荧光蛋白多聚化的问题。其中性能最优的红色荧光蛋白为mCherry，其成熟时间短，发光时间长且荧光信号较为稳定，可以和绿色荧光蛋白信号实现共同标记应用于融合蛋白的表达和定位研究中。红色荧光蛋白不仅能够和GFP标记蛋白共同表达，能够解决单一荧光信号无法解决的问题。另外，红色荧光蛋白的发射波长要长于绿色荧光蛋白，在植物细胞中定殖时具有较低的背景干扰，更适用于对生物体的定殖研究。但红色荧光蛋白成熟较慢，对宿主细胞具有一定的毒性作用，因此，并非所有的生物可以利用红色荧光蛋白作为标记基因。后来，人们对RFP基因进行了改造和修饰，优化后得到mCherry红色荧光蛋白，其荧光信号稳定，能够和多种蛋白发生融合作用，因此在多种追踪定位研究中广为应用。

黄色荧光蛋白（yellow fluorescence protein, YFP），后来又延伸出蓝色荧光蛋白（blue fluorescence protein, BFP），青色荧光蛋白（cyan fluorescence protein, CFP）以及突变GFP蛋白（EGFP）。EGFP为增强型的荧光蛋白，通过对野生型GFP中的一些氨基酸残基进行替换，改变了绿色荧光蛋白的构象，形成了荧光强度更为稳定且表达强度更为显著的增强型GFP。黄水荧光蛋白作为具有特异性表达的标记基因，在分子生物学中也得到了广泛应用。利用YFP能够实现对目标基因或细胞的实时动态进行监测，是阐明细胞以及生物分子活动规律以及作用机制最为高效的方法。

此外，通过化学合成的方法，根据GFP发光的原理，研究荧光染料及其发光材料的制备方法成为热点。特别是一些有机化学领域的研究工作者们，研制出了多种GFP生色基团以及GFP发光类似物的合成方法，并对其发光性能进行了鉴定，一方面促进了人们对GFP发光原理的理解，另一方面也为新型的荧光染料以及发光材料提供了更多可能性途径，并能够在生物、医药以及能源等领域广泛应用。但研制过程并非一帆风顺，在研制过程中，更多GFP类似物不受筒状结构保护而丢失荧光信号。随后，人们又开始研制增强GFP生色团性能以及稳定性的方法，成功实现了荧光染料以及发光材料在生物成像、实时监测以及能源探索等领域的应用。从此GFP在金属材料以及纳米材料等领域也开拓了进一步的研究和应用。

2.2 绿色荧光蛋白的性质

绿色荧光蛋白灵敏度较高，其表达无细胞种属特异性限制及无毒性。其作为一种在基础研究以及医学研究中广泛应用的报告基因，其荧光信号的表达无需添加底物以及辅助因子，已经成为最优良的生物体标记基因。GFP作为在自然界存在的独特的发光蛋白，其光学性质被广泛关注，并进行了大量的研究。GFP的结构中存在两个明显的紫外－可见光吸收光谱带，分别为A谱带（吸收波长为395 nm）和B谱带（480 nm）。这两个谱带分别为GFP核心生色团中的两个不同的分子形态，为中性形态（A-form）以及阴离子形态（B-form），其中主吸收谱带为中性形态的A谱带，而归属于阴离子形态的B谱带属于次吸收谱带，其吸收强度比A谱带弱得多（图2-3）。但经过荧光测试，结果表明任意选择两个吸收峰中的一个波长进行激发，都可以表达出明亮的绿色荧光，且发射波长在508 nm处（图2-3）。通过更深入的研究，发现A*d衰减过程呈现出非单指数形式，平均寿命为18 ps。但当生色团位于阴离子形态或者是激态阴离子形态时，荧光寿命转变为2.8 ns和3.3 ns。

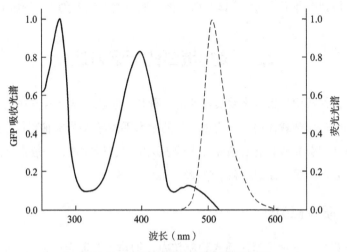

图2-3 GFP的吸收光谱和荧光光谱

绿色荧光蛋白,是由多个氨基酸序列组成的生物大分子物质,其结构组成和其他蛋白或者多肽物质相差不大。但其荧光性能表现优异,这可能归结于其独特的 $\beta-can$ 的特征结构,为其氨基酸原位形成生色基团提供了一个有利的保护环境。与此同时,GFP 具有筒状结构,能够有效抑制生色基团的旋转运动,进而处于激发态的分子的能量得以释放,呈现出明亮的荧光。但如果将 GFP 结构进行变性处理,对其筒状结构进行破坏,GFP 荧光性能会发生严重降低。原因在于当生色基团以 GC 键为旋转中心进行自由旋转运动的时候,会导致生色团飞速内转换,而生色团再以非辐射跃迁的形式回到基态,从而丢失荧光信号。最后,经过激态质子转移过程,绿色荧光蛋白能够表现出明亮的绿色荧光。

GFP 作为性能优良的报告基因,其结构稳定,荧光性能优异,对高温、高盐以及一些有机溶剂都具有较强的耐受性,且对大部分的酶都具有较为强烈的抗性,在多种环境下都能稳定的发挥作用。另外,GFP 在实时监测的时候不需要额外添加其他底物或者辅助因子,只需借助荧光显微镜,在紫外光激发下便可以发出明亮的绿色荧光,便于肉眼观察。而且对生物体没有损害作用,可以实现对活体的实时检测,为科学研究提供了较大的便利。GFP 基因无毒无害,对植物体和动物体的生长发育影响较小。其具有分子质量较小且种类多样的特点,不仅能够和多种基因共同构建标记功能载体,避免了插入基因分子质量过大降低质粒转化效率的问题,而且能够在植物、动物以及微生物细胞中成功表达,且不影响生物体本身的生理特性和功能特性。除此之外,GFP 突变体丰度较高,可以通过改变或替换 GFP 基因中的某些氨基酸残基,得到多种不同的突变体蛋白,极力地拓展了 GFP 在各个领域的应用范围。

2.3　荧光蛋白的标记方法

荧光蛋白的标记是近年来发展迅速的一种技术手段,该技术方法主要是利用将荧光表达基因转移到载体中,再通过一定的技术手段导入受体细胞中,构建荧光标记菌株,再利用荧光显微镜对菌株荧光的表达情况进行检测。一般常见的标记方法分为两种,分别为质粒标记法和染色体标记法。

2.3.1　质粒标记法

通过将荧光蛋白标记基因插入到质粒中,构建带有荧光标记蛋白的重组载体。再将重组载体通过热击转化或电击转化的方法转入受体细胞中,应用于各种微生物的研究中。但并不是将携带有荧光蛋白标记的重组载体转入受体细胞中，就能成功地表达出荧光蛋白。即使是能够成功在菌株中表达出荧光，还要考虑荧光表达的强度以及表达效率的问题。同时，外来的载体也可能会对菌株的理化性质以及生物活性带来一定程度的影响。因此，在进行荧光标记菌株筛选与构建的时候，既要考虑菌株荧光蛋白表达的效率、强度以及稳定性，还要保证外来载体的插入对菌株的理化性质以及生物活性不带来影响作用。前人利用质粒标记的方法首先将GFP基因构建到目标载体中，再将构建好的重组载体通过接合转移的方法转移到单胞菌J–1中。后期经过对其荧光表达稳定性进行检测，结果表明该菌株在无选择压力的培养基中培养24 h后，其荧光表达稳定性可以达到72.2%。

2.3.2　染色体标记方法

除了可以利用构建荧光标记载体的方法进行荧光标记菌株的构建之外，对于难以构建的菌株可以采用染色体标记的方法。染色体标记的方法是将荧光蛋白基因插入到菌株的染色体中，获得携带荧光蛋白基因的菌株，再对菌株进行紫外光的激发，使菌株能够表达出荧光蛋白。利用染色体的方法构建荧光标记菌株，具有稳定性高，荧光不易丢失等优点。但和质粒标记的方法相比，荧光表达的强度弱。

2.4　荧光蛋白的检测手段

GFP荧光蛋白在各个领域的研究中都得到了广泛的应用。GFP荧光蛋白表达的检测可以采用手提紫外灯进行检测，也可以采用荧光分光光度计、荧光蛋白观测镜、荧光显微镜、流式细胞仪以及激光共聚焦荧光显微镜等仪器对GFP的表达进行观测分析。另外，人们也可以根据GFP的序列进行引物设计，利用基因探针、PCR或DNA杂交等方法也可以用来对GFP的表达进行检测。

2.4.1　手提紫外灯检测GFP

手提紫外灯采用蓝光、长波紫外灯或者短波紫外灯作为激发光源的一种仪器。该仪器可以直接用来对含有GFP的样本进行探照，用来观察GFP在样本中的表达以及定位情况。利用手提紫外灯对样本的GFP表达进行检测的方法简便且具有经济性。但该方法要求GFP的表达量要高，才能够在紫外灯的探照下观察到荧光的表达。另外，若样本为绿色植物，利用手提紫外灯观测GFP的表达可能会存在植物体内叶绿素背景的干扰。此外，长时间的照射会对样本以及人体造成一定程度的危害，因此不宜进行长时间的观察。

2.4.2 荧光蛋白观测镜检测GFP表达

常见的绿色荧光蛋白在470 nm波长处能够表达出明亮的绿色荧光，因此可以利用带有470 nm激发光的荧光蛋白检测仪激发出蓝色光，观察GFP在样本中的表达情况。另外，在观察过程中，为了能够更加清晰地观测到荧光信号，往往需要佩戴荧光蛋白观测眼镜。

2.4.3 荧光分光光度计

荧光分光光度计可以对样品中的荧光信号的光谱进行扫描。荧光分光光度计能够发出蓝紫光或者紫外光，经过滤光片后对样本进行照射。而样本中的荧光物质经过紫外光照射后，由基态转变为激发态，然后再返回基态。在这个过程中，会有一部分的能量转变成荧光信号，表现出荧光。因此可以用于对荧光蛋白的定性分析。通常，荧光信号的强度和物质的浓度成一定的比例关系，因此可以根据荧光信号的强度来判定物质的浓度。该方法操作简便，检测较为灵敏，且时间较短，准确度高。此外，在检测过程中，所需样本较少，线性范围较宽，安全无毒，因此在生物医药、化工以及生物化学等领域广泛应用。

2.4.4 荧光显微镜

荧光显微镜是荧光蛋白表达检测最常用的检测方法。其以紫外线作为光源，当照射到样本时，能够发出明亮的荧光，再经过物镜和目镜进行放大，即可观察到GFP荧光蛋白在样本中的定位以及表达情况。常用的荧光显微镜分为两种，一种为投射式荧光显微镜，一般用于较大样本的观察，低倍镜下能够发出较为强烈的荧光信号。另一种为落射式荧光显微镜。其能够适用于小样本的检测，放大倍数越大，荧光信号越强。

2.4.5 共聚焦荧光显微镜

共聚焦荧光显微镜在普通荧光显微镜的基础上进行了改造。以多种激发光作为光源，利用激光束对样本进行逐点扫描，成像后利用软件对图像进行组合，最终得到一个三维图像，可以直观地对样品中的荧光信号进行定性和定量的分析。利用共聚焦荧光显微镜对荧光蛋白进行检测，该方法高效灵敏、可以检测到微弱的荧光信号，且能够在细胞水平、亚细胞以及分子水平对样本进行分析。且该方法检测时间快，对荧光淬灭以及光漂白的影响较小。相比普通荧光显微镜，其可以用于对样本进行高清晰成像、对荧光探针的表达量进行测定、分层扫描、半定量荧光强度分析以及多种荧光信号共定位分析等，功能较多，但操作也稍微复杂，仪器成本较高。

2.4.6　流式细胞仪

利用流式细胞仪对荧光蛋白进行检测时，经过激发光照射下，样本能够发出明亮的荧光，再通过转换器将光电信号转换为电信号，再经过数据分析得到测定的结果。利用流式细胞仪能够实现对单个细胞进行定性和定量检测，可快速地测定微生物中GFP的荧光强度。另外，该测定方法可以对细胞中的生理生化参数值进行测定，也能够将指定的细胞亚群从预选的参量中分离筛选出来。此外，该方法还可以用于细胞表面抗原的标记、免疫细胞以及细胞受体的功能分析研究。

2.5　绿色荧光蛋白技术的应用

近年来，随着GFP改造技术的进步，GFP作为优异的标记基因在生物、医药以及能源等领域广泛应用。在农业领域，GFP可以通过遗传转化的操作来鉴定目的基因是否被成功导入植物体内，可以实现实时活体检测，方便快捷。此外，可以通过将绿色荧光蛋白基因连接到目的基因启动子之后，通过对GFP荧光强度的检测结果来鉴定目的基因的表达情况。另外，GFP能够和不同蛋白质的N端或C端发生融合，以此来作为细胞内目标蛋白的标记基因，用来检测生物体内细胞内蛋白质分子间的互作机制。可以利用GFP基因定位细胞的多个细胞器，包括细胞核、线粒体、叶绿体、质膜、中心体以及高尔基体等。

双荧光蛋白共定位或多色荧光蛋白共定位（fluorescent cross-correlation spectroscopy）是近年来在科学研究中应用较为广泛的一种实验技术。其通过将多个不同颜色的荧光蛋白和目的蛋白进行融合与表达，后通过共转化操作，将融合后的蛋白转入宿主细胞中，观测荧光表达的位点。根据结果判定目的蛋白间的相互作用情况，若两个目的蛋白能够发生互相作用，则分别与这两个蛋白相连接的荧光信号会实现共定位。荧光定位以及示踪是荧光蛋白最常用的功能。荧光蛋白安全无毒，利用GFP进行活体的可视化研究，更加直观和清晰。利用GFP的标记体系和荧光显微镜相结合对GFP在细胞中的定位进行检测，如有人利用GFP对裸体小鼠内一个目标细胞进行标记，观察该细胞在小鼠体内定位，为供体的移植以及疾病的治疗提供更多的信息。

分子荧光互补系统（fluorescent complementation，FC）是通过将荧光分子编码基因的多个分割片段分别和多个目的蛋白基因进行连接，然后将这些融合后的蛋白片段转入宿主细胞中进行表达。若目的蛋白之间能够发生相互作用，彼此会相互靠近发生连接，形成一个完整的荧光蛋白，而表达出荧光信号。另外，荧光共振能量转移（FRET）、多色荧光共振转移技术、光开关荧光蛋白（PS-FPs）等新型技术的发展和应用，开拓了荧光蛋白的应用潜力。

GFP可以用于观测病原体和宿主作用过程。绿色荧光蛋白能够在多种病原体中进行有效表达，且不影响病原体的生物学活性。利用绿色荧光蛋白对大肠杆菌进行标记，对消化道内的菌株代谢作用情况实施实时检测。另外，还可以通过对根瘤菌进行绿色荧光标记，实时监测根瘤菌侵染植物的整个过程。

利用GFP荧光动力学来计算细胞生产速度以及产物表达情况。将GFP基因转入到微生物中，GFP荧光强度和宿主细胞蛋白表达情况呈现相关性。可以根据荧光信号的强度对细胞浓度进行定量分析。

GFP作为报告基因应用于生态学研究。将绿色荧光蛋白基因转入到宿主细胞中，对其进行生态学规律方面的研究。例如，利用GFP对病原微生物进行标记，研究其在水中的运动情况。另外，还可以通过对杆状病毒进行GFP标记，研究昆虫在生态环境中的生活规律以及杆状病毒流行规律。GFP蛋白对细胞不产生毒害作用，在表达过程中无须借助其他辅助因子即可表达出稳定的荧光信号。因此可以通过对GFP作为报告基因对目标基因的表达水平进行测定。例如，WILSON等人利用GFP作为荧光报告基因，对农杆菌介导的藏红花半葵酸以及马拉巴香的转化参数进行了优化。另外，人们利用GFP对幽门杆菌进行标记，构建了GFP标记菌株，应用于对幽门杆菌单细胞基因调控的研究中。

利用GFP作为生物传感器来检查pH的变化以及光信号的转导。GFP荧光强度会随着pH的变化而变化。例如，可以根据GFP对不同离子的敏感度回应，利用突变体H148Q来检测卤素离子的浓度和传递过程。另外，绿色荧光蛋白构建分子感受器，不仅可以用来检测细胞内的蛋白质、激素、核酸、金属离子以及药物等一些小分子的物质，还可以对细胞体内的pH、电位以及氧化还原水平等进行检测，并应用于细胞的信号转导反应中（图2-4）。

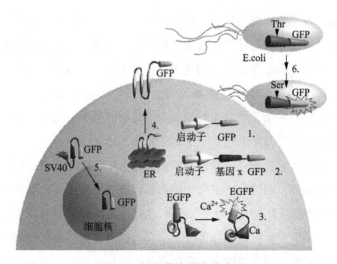

图2-4 绿色荧光蛋白的应用

1-转录可视化；2-融合标签；3-小分子检测/钙探针定位；4-全细胞
可视化；5-定位/转移；6-蛋白质折叠及定向进化研究

显像以及示踪技术。荧光蛋白能够在生物体内稳定表达，且对生物体不产生毒害作用，因此常被用于研究生物体内目标基因的定位以及表达情况。有人报道利用分子克隆以及显微注射等方法构建了能够稳定表达荧光蛋白基因的转基因斑马鱼，通过对斑马鱼尾部结构进行切割，构建了巨噬细胞聚集的炎症模型，在通过荧光显微镜对巨噬细胞的转移以及聚集的动态过程进行实时观测。

病理模型研究。荧光标记基因具有敏感度高且不对生物体产生毒害的特性，可以用来对动物以及组织细胞的病理进行模型研究。前人通过将携带红色荧光标记基因的肿瘤细胞B16接种到携带绿色荧光蛋白基因以及野生型小鼠的皮下，建立带有荧光标记蛋白的小鼠模型。利用荧光显微镜以及荧光活体成像仪对肿瘤在小鼠体内生长情况以及和小鼠之间的相互作用进行监测分析研究。黄伟谦等人通过将含有红色荧光蛋白基因的细胞转入骨瘤细胞系统中，再接种到裸鼠的胫骨端，使其能够形成肿瘤。再通过荧光显微镜对骨肉瘤在裸鼠内的生长情况以及迁移情况进行观察，建立骨肉瘤在小鼠体内转移模型，为骨肉瘤的监测以及药物开发与评价提供了更可观的模型以及参考依据。

自GFP被人报道可以作为优异的标记基因以来，GFP标记技术已经被深入应用于各行各业。根据GFP的一些特点，GFP在植物病虫害防控与防治、疾病预防、物种起源以及环境保护等各个方面都发挥着不可取代的竞争优势作用。近年来，随着GFP标记技术的快速进展，人们将GFP基因标记技术充分和转基因检测、启动子分析、抗病监测、基因表达调控研究、药物以及污染物追踪等相关研究相融合，助力了科学研究的飞速发展。尤其是在植物保护领域，各种荧光标记生防菌的构建，加快了生防菌在植物叶际、根际以及内生等部位的定殖动态观测，以及在微生物-植物互作领域、亚细胞定位以及目的基因表达分析等方面也充分应用了GFP标记技术。利用GFP标记生防菌，能够实时观测到生防菌的形态、位置，追踪其在植物中定殖动态，GFP标记技术发挥着不可或缺的重要作用。

　　用于真菌侵染的定殖研究。真菌能够在植物上定殖以及繁殖是其发挥致病力或生防作用的首要条件。通过将GFP荧光蛋白基因转入真菌体内，更加直观地观察真菌在植物生定殖动态以及和植物的互作机制，加深人们对真菌作用机制的分析。最早将GFP应用于真菌定殖研究的是在国外，早期人们通过将GFP蛋白基因转入各种真菌菌株中，用于观测真菌在植物上的侵染以及扩展形式规律，为病原菌作用于植物的致病机理提供了更直接、可观的手段，也为病原菌治理方法的探索奠定了基础。在国内，研究学者们利用农杆菌转化的方法构建了带有GFP基因的大丽轮枝菌，通过观察该菌株在不同品种棉花植株中的侵染过程，解析大丽轮枝菌的在致病机理。另有人利用农杆菌介导的方法构建了西瓜枯萎病菌的GFP标记菌株，研究其在西瓜感病以及抗病品种中的侵染性差异，为西瓜枯萎病的防治提供了理论基础。后来，人们利用原生质体转化的方法，将GFP蛋白基因转入镰刀菌中，后将该菌株接种到地黄植株中，利用PCR和荧光显微镜观察该菌株在地黄植株中的侵染动态。结果表明，在接种60 h时，镰刀菌即可展开对地黄植株的侵染。首先是入侵地黄的根部，84 h时对地黄的茎部进行侵染，96 h时即可侵染其叶部。利用GFP标记真菌内生菌的研究相对较晚。2017年，利用GFP标记内生真菌，用于观察其在植物中的定殖动态。结果发现，该内生真菌在植物体内会沿着根部细胞的纵线进行延伸，然后能够在细胞间隙里形成菌丝团。因此可以利用该方法技术对内生真菌和植物之间的互作关系进行研究。

　　但现在GFP作为荧光标记蛋白基因仍然存在着一些问题。和其他荧光信号相比，GFP荧光信号容易猝灭，紫外的激发光也会对荧光标记蛋白有光破坏等不良作用。李颖等人研究表明GFP的生色基团在氧化的时候会导致宿主细胞产生氧化应激反应（ROS）。更有研究表明GFP表达会增强细胞膜的通透性，导致细胞凋亡。在动物实验的研究中，GFP作为一种免疫元蛋白，对动物进行GFP蛋白注射后会引起动物对GFP蛋白的免疫作用。所以有必要找到一种有效的GFP替代品，要求其能够不仅能够实现对生物体的标记作用，更能避免GFP的插入对生物体产生的抗性作用。

参考文献

［1］PRASHER D C, ECKENRODE V K, WARD W W, et al. Primary structure of the *Aequorea victoria* green-fluorescent protein［J］. Gene., 1992, 111(2): 229-233.

［2］BUKHARI H, MULLER T. Endogenous fluorescence tagging by CRISPR［J］. Trends Cell Biol., 2019, 29(11): 912-928.

［3］石玮, 李东栋, 邓秀新, 等. 根癌农杆菌介导绿色荧光蛋白基因转化印度酸橘的研究［J］. 园艺学报, 2002, 29(2): 109-112.

［4］吴沛桥, 巴晓革, 胡海, 等. 绿色荧光蛋白GFP的研究进展及应用［J］. 生物医学工程研究, 2009, 28(1): 83-86.

［5］苏振华. 大肠杆菌中可溶性绿色荧光蛋白增强分泌性表达研究［D］. 聊城大学, 2020.

［6］ZHANG Z, TANG R, ZHU D, et al. Non-peptide guided auto-secretion of recombinant proteins by super-folder green fluorescent protein in Escherichia coli［J］. Scientific Reports, 2017, 7(1).

［7］WALKER C L, LUKYANOV K A, YAMPOLSKY I V, et al. Fluorescence imaging using synthetic GFP chromophores. Curr. Opin. Chem. Biol., 2015, 27: 64-74.

［8］TOLBERT L M, BALDRIDGE A, KOWALIK J, SOLNTSEV K M. Collapse and recovery of green fluorescent protein chromophore emission through topological effects. Acc. Chem. Res., 2012, 45: 171-181.

［9］BREJC K, SIXMA T K, KITTS P A, et al. Structural basis for dual excitation and photoisomerization of the Aequorea victoria green fluorescent protein. Proc. Natl. Acad. Sci., 1997, 94, 2306-2311.

［10］MEECH S R. Excited state reactions in fluorescent proteins. Chem. Soc. Rev., 2009, 38, 2922-2934.

［11］STRIKER G, SUVRAMANIAM V, SEIDEL C A M, VOLKMER A. Photochromicity and fluorescence lifetimes of green fluorescent protein. J. Phys. Chem. B, 1999, 103: 8612-8617.

［12］杨阳. 绿色荧光蛋白基因转化早花柠檬创制新种质［D］. 武汉：华中农业大学, 2017.

［13］KIM M J, AN D J, MOON K B, et al. Highly efficient plant regeneration and *Agrobacterium*-mediated transformation of *Helianthus tuberosus* L［J］. Industrial Crops and Products, 2016, 83: 670-679.

［14］YANG C, HAO F, HE J, et al. Sequential adeno-associated viral vector serotype 9-Green fluorescent protein gene transferg causes massive inflammation and intense immune response in rat striatum［J］. Hum Gene Ther., 2016, 27(7): 528-543.

［15］刘庆丰, 熊国如, 毛自朝, 等. 枯草芽孢杆菌 XF-1 的根围定殖能力分析［J］. 植物保护学报, 2012, 39(5): 425-430.

［16］王培娟. mCherry 红色荧光蛋白标记植物乳杆菌 WCFS1 的应用研究［D］. 南京：南京师范大学, 2018.

［17］闫思远. 枸杞内生真菌 *Fusarium nematophilum* NQ8GII4 遗传转化体系的建立及在宿主植物中的定殖［D］. 银川：宁夏大学, 2020.

［18］杜雪梅. 绿色荧光蛋白标记的示踪菌株在评估大肠杆菌在食品中增殖的应用［D］. 南京：南京农业大学, 2020.

第3章 标记菌株的构建

GFP标记具有较多优良的特性，能够在多种生物体内高效表达，对细胞无害且具有较好的稳定性以及耐受性。外源基因的标记方法简单、高效，可以利用穿梭载体将目标标记基因通过一定的转化方法转入到目标菌株中或者将外源基因转导进入目标菌株DNA中，和菌株的遗传物质共同进行遗传和表达。标记菌株的构建在对病原菌定位检测以及生防菌生防机理研究等方面发挥巨大潜力作用。不同种类的菌株所选择的标记方法以及转化方法也不同。目前常用的标记方法主要有表达性质粒标记、染色体同源重组标记以及转座重组标记等方法。转化方法主要有自然转化、原生质体转化、化学转化、电击转化等方法。

3.1 GFP菌株标记方法

正常情况下，GFP菌株标记的方法分为两种：一种为构建GFP表达性载体；另一种为染色体标记，即将GFP基因通过同源重组或转座重组的方式导入到目标菌株染色体上进行标记表达。

3.1.1 构建表达性载体

表达性载体已广泛应用于微生物遗传转化操作实验中。在进行质粒选择的时候，为了确保标记菌株发光稳定性以及表达量满足实验的需求，且标记载体不能对菌株的生理生化特性以及功能产生不利影响，要求在对生物体进行质粒标记时，质粒的数目不能少于1个，且GFP标记基因的拷贝数尽可能的多，能够表达的荧光蛋白的含量较高，发光性能较为明显。但在实验过程中，若在无选择压力的条件下，构建好的表达质粒很容易错配或丢失。所以若是对荧光蛋白表达量要求较高，试验周期较短的实验研究，可以选择使用质粒重组标记的方法进行标记载体的构建。但若是要进行蛋白因子亚细胞定位等方面的研究的时候，必须选择构建质粒载体的方法进行荧光标记菌株的构建，根据实际情况选择合适的标记方法。

1996年，GAGE等人在启动子的下游序列连接上了GFP基因和GFP-S65T基因，然后再将连接好的基因和质粒Pmb393进行连接，得到了携带有GFP和GFP-S65T基因的重组质粒，随后将连接好的重组质粒转入菌株*Rhizobium meliloti* MB501中，成功构建GFP标记菌株。后期，对标记菌株质粒稳定性进行检测，结果显示标记菌株在抗性压力下，重组质粒能够展示出稳定的表达效果。在无抗性存在的条件下，标记菌株在25代后仍能保持60%以上的发光表型。2007年，GILBERTSON等人通过将质粒pUTgfp2转入大肠杆菌结合菌株S17-1中，再通过结合转移的方法分别和菌株pb1、pb2、pb3、pb5进行融合，结合成转化子。结果显示在无抗性选择的压力条件下，标记菌株能够传代112代以上。有研究者通过酶切、连接的方法将GFP片段以及氨苄霉素抗性片段首先和质粒pmut2相连接，然后再通过酶切、连接的方法和质粒Pucp181.8进行连接，构建重组载体pSMC2。在无抗性选择压力的条件下，重组载体能够稳定表达绿色荧光蛋白30代以上。2004年，邱珊莲等人将含有强启动子的基因和GFP基因连接到广宿主载体pBBR上，再通过电击转化的方法将重组载体转入到假单胞菌DLL-1中，成功构建了荧光标记菌株用于植物根际定殖研究。

3.1.2 染色体同源重组标记

同源重组技术即是将荧光标记基因gfp和菌株染色体基因整合在一起，构建出能够稳定表达目的基因的重组菌株。通过染色体同源重组技术对菌株进行GFP荧光蛋白基因的标记，菌株发光性能较为稳定。但GFP在菌株染色体内拷贝数较低，荧光蛋白表达率较低，且试验周期较长，难以进行选择压力的测定。1993年，COOK等人采用同源重组的方法对目的菌株进行了Lux标记并成功获得了标记菌株。首先是构建了重组载体Pvtt5111和Prnntit，再通过原生质体的方法将重组载体转化到枯草芽孢杆菌中，后在含有2 mg/L氯霉素抗性的培养基上筛选转化子。经过一系列的筛选工作，得到了两个荧光表达效果较好的菌株VIN和PBCII。为菌株在土壤以及根际动态定殖研究提供了非常可靠以及便利的方法。

转座标记：目前利用转座重组的方法对菌株进行荧光蛋白标记成功的案例已有很多，也是日常实验研究中常用的一种技术方法。2000年的时候，CASSIDY等人将含有抗性基因和荧光标记基因的转座子质粒pJB29插入到荧光假单胞菌R2fRN中，成功构建了荧光标记菌株R2fG1，并成功地应用于微生物在土壤以及根际的定殖研究中。2005年，张霞等人通过转座重组的方法，将荧光假单胞菌两个启动子基因和

GFP蛋白基因分别和荧光假单胞菌P303染色体进行整合，成功获得了荧光表达稳定的标记菌株，用于后续的实验研究。

3.2 标记菌株转化方法

由于很多菌株对外源基因具有明显的拮抗作用。外源载体的转化方法作为最基本的手段，在挖掘功能微生物的生防资源等方面发挥出巨大的潜力优势。一些菌株，尤其是革兰氏阳性菌，其细胞壁较厚且尤为紧密，避免了外来物质的入侵，难以实现目标基因的转化。除此之外，菌株本身携带有特异性限制性修饰系统，能够对外源的基因进行特异性识别和剪切。当外源基因进入菌株体内时，会被剪切和消化，导致外源基因难以在菌株体内转录和表达。针对不同的菌株，仍在探索不同的转化方法。感受态制条件的不同，转化方法的差异以及质粒DNA浓度都会对转化效率带来不同的影响。基础实验中最常用的为自然转化以及电击转化。

3.2.1 自然转化

自然转化是指某些菌株在特定的生长阶段状态下具有能够自然吸收外源DNA片段，并能够将外源基因内源化的特性。大部分的革兰氏阴性菌和阳性菌都可以实现自然转化。另外一些芽孢杆菌及其古细菌，如沃氏甲烷球菌、热自养甲烷球菌、解淀粉芽孢杆菌、地衣芽孢杆菌、枯草芽孢杆菌等菌株也具有自然转化的特性。近年来，有关菌株能够具备自然转化感受态特性的研究越来越多，其内在机制也越加清晰。菌株自然感受态是指菌株在指数生长后期时，在二元信号转导系统调节的情况下形成的一种形态。也可以根据菌株某些功能基因表达的时间顺序，将表达基因分为感受态早期基因和晚期基因。早期基因编码产生的产物为调控蛋白类，仅能在特定条件下才能够被翻译及合成出来。而晚期基因重点参与细胞感受态对外源基因的吸附、转录以及组装等过程。

自然转化过程是当外源基因进入菌株体内完成转化过程需要经过以下3个过程：感受态吸附DNA，双链DNA断裂，吸收以及转化重组。在吸附这一阶段，此时只有感受态细胞才能够将外源DNA吸附到细胞表面，而非感受态细胞不能或者只能微弱感受到DNA的活性。对于一般菌株的感受态细胞来讲，其表面平均会存在50个左右的可以对DNA进行吸附的结合位点，但每个吸附位点吸附DNA的数量是固定的且是有限的。研究表明，在DNA被吸附到菌株感受态细胞表面后，对流体动力学的剪切以及外源的 DNase 酶非常敏感，证明 DNA 和感受态细胞表面是以非共价的形式进行结合的，且对 DNA 的吸附并无特异性。而一些菌株如流感嗜血杆菌以及淋球菌等，能够特异性吸收自身菌株所特有的 DNA 序列。第二个阶段是断裂。在该阶段，当 DNA 被感受态细胞吸附到其表面后，在较短的时间内被剪切并依旧在细胞表面吸附。剪切断裂后的 DNA 片段对剪切具有了一定的抗性，且依旧对外源 DNase 敏感。更多研究表示，感受态细胞对 DNA 的吸收是从 DNA 新形成的一个末端开始的，断裂后为细胞提供 DNA 的识别位点。第三个阶段是菌株感受态吸收 DNA。在 DNA 发生断裂后，DNA 双链进行解旋，其中的一条单链能够穿过菌株的细胞壁以及细胞膜进入感受态细胞的细胞质内。此时向感受态细胞加入 DNA，经过 37℃孵育 1 min 左右，外源的 DNA 片段对 DNase 酶敏感度显著降低，能够和细胞断裂的 DNA 发生结合。进入感受态细胞的单链 DNA 是没有极性的，可以通过 5′→3′ 的顺序对外源 DNA 进行吸收，也可以通过 3′→5′ 的顺序吸收 DNA。但有些菌株只能以 3′→5′ 的顺序对外源 DNA 进行吸收。另外，经过内源化的 DNA 单链能够和菌株感受态细胞中的染色体发生互补配对，然后形成异源双链 DNA，在重组酶的作用下相互交换和整合，完成感受态细胞和外源 DNA 的重组过程。

3.2.2 原生质体转化

利用原生质体转化的效率较高，其原理主要是对处于对数生长中期的菌株进行溶菌酶温育处理。使菌株能够形成原生质体小球，然后在此时加入外源 DNA，再采用聚乙二醇对其进行处理，使原生质体小球能够和 DNA 发生聚合，聚合后将其通过涂布的方法在再生培养基中进行培养，以完成菌株细胞壁的再生并形成最终完整的细胞。利用原生质体的方法将外源 DNA 转入菌株感受态细胞中是一个非常高效的方法策略。通过该方法转化后的转化子，成功率可以达到 80% 以上，转化效率也非常高，超螺旋质粒 DNA 数量可以达到 4×10^7 个 /μg。同样地，经过限制性内切酶消化过后的一些质粒 DNA、体外合成的一些环化分子均可以通过原生质体转化的这种方法成功转化到宿主细胞中，但转化效率要低于正常的 DNA。

利用原生质体转化的方法将 DNA 转入到菌株感受态细胞中，虽说具有较高的转化率，但也存在着一些缺点。例如原生质体转化的方法过程较为复杂和繁琐，周期较长，需要注意的细节操作较多，试验结果不理想的概率较大等。再者，出现假阳性的概率也很大，其原因可能是常有 L–型的菌落生长于再生的培养基中，这种菌落细胞并不是形成最终完整细胞壁后生长出的细胞，而是缺少细胞壁生长出的细胞。这种情况可以通过后期对再生培养基的稳渗剂以及无机盐离子等成分进行改善，再添加聚乙烯吡咯烷酮等物质，改造再生培养基，完成原生质体的转化。但即使如此繁琐的步骤，转化的结果依旧存在不稳定的现象，需要针对不同的菌株以及不同的DNA，对其转化条件进行摸索优化，不断提高其转化效率以及稳定性，才能得到更为稳定的结果。

3.2.3 电击转化

电击转化通常被用于革兰氏阴性菌和阳性菌的转化操作中，其相比原生质体转化而言，更为方便、快捷，且转化效率较高。电击转化的原理即是在特定的电场作用条件下，菌株感受态的细胞膜能够形成多个疏水性小孔，方便外源基因进入菌株感受态细胞的细胞膜内。前人研究表明若电击转化时，电场越强，引起细胞膜上疏水性小孔就越多，外源基因进入菌株体内就越容易。但也会带来负面的影响，电场越强，转化过程中细胞死亡率也越高。所以，在利用电击转化的同时，需要在转化效率以及细胞存活率之间找到平衡点，对电击的条件进行优化。此外，还可能存在转化效率不稳定，且转化效率较低的问题，还需要电转仪等设备。目前对电击转化条件主要可以从以下三个方面：为了提高电击转化效率，可以向电击缓冲液中加入一定量的蔗糖、甘露醇、山梨醇等稳渗剂；向液体培养基中加入D–苏氨酸、甘氨酸、抗生素、溶菌酶或者吐温–80等物质，来抑制菌株细胞壁的合成，较少细胞壁的密度，有利于转化效率的提高；为了消除在菌株体内存在的限制修复系统，可以采用对外源DNA进行甲基化修饰，来提高电击转化效率。

3.2.4 基因枪法

基因枪法是在1987年SANFORD等人发明的一种转化方法。该方法通过放电，制造出经过加速的金属离子来击穿细胞，将外源基因吸附于感受态细胞表面，最后再导入植物细胞，完成基因的转化。有报道表明利用基因枪法在橘柚悬浮细胞中导入外源基因，从而获得携带有外源基因GUS的橘柚植株。除此之外，通过对高渗溶液进行处理，显著提高了外源基因的转化效率。近年来，基因枪法在很多农作物中都得到了广泛的应用。在目前的研究中，基因枪法不需要进行原生质体的制备，可以直接作用于菌丝，操作方便，但也存在着转化效率偏低，稳定性差，成本较高等问题。

3.2.5　病毒载体转化法

病毒载体转化法通常所利用的媒介为病毒载体,通过将外源基因连接到病毒载体上,基于病毒侵入宿主细胞的能力,向宿主细胞导入外源基因。这种方法转化效率较高,但存在一定的安全性威胁。常用的载体系统有双元细菌人造染色体载体系统、噬菌体PIGre-Lox转座重组系统、Ac/Ds转座系统以及酵母线粒体I-Secl核酸内切酶DNA重组系统等。这种方法新颖独特,还在不断完善中。

3.2.6　农杆菌转化法

农杆菌属于革兰氏阴性菌的一种,其能够在自然条件下感染双子叶植物。众多研究发现,在农杆菌细胞内存在一种能够致瘤的质粒,即为Ti质粒。在Ti质粒中存在一段能够和植物染色体发生整合作用的DNA片段,也成为转移DNA(T-DNA)。因此,人们利用农杆菌的性能,得到了丝状真菌、大丽轮枝菌、链格孢菌等多种携带GFP基因的真菌转化子。农杆菌转化的方法无须进行原生质体的制备,可将完整的细胞进行转化,且具有较高的转化效率,转化子的稳定性也较高,因此可应用于大量突变体的构建。但其转化周期较长,转化成本昂贵,因此限制了其大规模地使用,目前仅应用于实验室研究中。

同时,为了提高转化效率,人们对感受态制备条件、转化缓冲液、质粒DNA浓度,以及抑制菌株限制性修饰系统等进行不断的优化,试图提高外源基因的转化效率。研究表明,在选择电击转化方法的时候,一方面可以选择向电击缓冲液中加入山梨醇、苏氨酸、甘露醇等物质;另一方面可以在高渗培养基中加入甘氨酸和苏氨酸等物质,还可以加入吐温-80来大幅提高外源DNA在宿主细胞中的转化效率。另外,对于刚电击后的细胞,进行短时间的热处理,也能够显著提高DNA的转化效率。在对转化条件进行优化时,结果发现若是只改变单一因素,对外源基因在宿主细胞的转化效率提高并不显著,但是若同时优化多种因素,将会带来较好的效果。且不同种类的菌株以及DNA的不同,转化的条件也都会呈现出差异性,需要在实验中多加优化和探索。

3.3　沼泽红假单胞菌荧光标记菌株构建实例

沼泽红假单胞菌GJ-22是湖南省植物保护研究所筛选并保存的一株具有促生和抗病功能的光合细菌,在生物防治领域具有良好的潜力。生防菌定殖动态的观测以及定殖能力测定是开发生防菌剂的一个重要前提条件。但是缺乏直观有效的工具检测菌株定殖状态，限制了对生防菌和宿主植物互作关系的研究。因此，构建一个直观有效且表达稳定的标记菌株是很有必要的。有报道建议用细菌特定的抗生素作为标记追踪细菌在植物定殖模式，但这种标记物不稳定，抗性容易丢失。

绿色荧光蛋白（green fluorescence protein，GFP）对细胞无害，稳定性好，灵敏度高，且可以活体观察等特性，被广泛应用于菌株定殖动态追踪研究中。TEH等人构建了荧光标记菌株 *E. munditi*-gfp，观测到了菌株在棉贪夜蛾中定殖状态。但是，外源基因能否在目的菌株中成功表达，且标记后的菌株在生理特性上和野生型菌株是否存在差异，是否还会保持原有的功能特性，这是个很值得探究的问题。

一般的荧光标记载体适用于大部分菌株，但很难在沼泽红假单胞菌中成功表达。由于缺乏合适的标记载体，沼泽红假单胞菌荧光标记菌株的构建一直受到限制。为了更加深入了解沼泽红假单胞菌和宿主植物间互作机制，本文构建了一个携带沼泽红假单胞菌同源臂基因和*gfp*荧光标记基因的穿梭载体，通过电击转化的方法将载体转入沼泽红假单胞菌GJ-22感受态细胞中，通过激光共聚焦荧光显微镜对标记菌株GFP蛋白的表达进行观测，并对标记菌株稳定性进行了验证，为微生物与宿主互作研究奠定基础。

3.3.1　实验材料

本试验所使用的菌株以及质粒见表3-1，所用引物见表3-2。

试验所用内切酶KpnⅠ，BglⅡ，EcoRⅠ以及T4 DNA连接酶均购于TAKALA公司；普通Taq酶套装和DNA Marker购于全式金生物有限公司（TransGen Biotech）；质粒小提为天根公司；胶回收试剂盒，购于Omega生物公司。本实验所使用的培养基以及试剂配制方法如表3-1所示。

表3-1　实验所用菌株和质粒

菌株和质粒 （Strains or Plasmids）	表型和特征 （Genotype or Characteristics）	来源 （Reference）
R. palustris CGA009	Standard strain	Stored in this lab
R. palustris GJ-22	Gram-negative bacteria, Wide type	Stored in this lab
R. palustris GJ-22-gfp	946 kb pck A-gfp gene fragment cloned in strain GJ-22	This study
Escherichia coli DH5α	F- φ80d lacZ ΔM15 Δ(lacZYA-argF) U169 end A1 recA1 hsdR17(rk- mk+) supE44 λ - thi-1 gyrA96 relA1 phoA	TransGen Biotech

菌株和质粒 （Strains or Plasmids）	表型和特征 （Genotype or Characteristics）	来源 （Reference）
Escherichia coli BL21 (DE3)	F-ompT hsdSB(rB-mB-)gal dcm lacY1(DE3) pRARE(argU, argW, ileX, glyT, leuW, proL)(Camr)	TransGen Biotech
pEASY®-T1	Ampr and Kanr, cloning vector, 3,830 bp	Transgen
pBBR1MCS-2	Kmr, Cloning vector	Kovch et al
pRK415	Promoter 415 and gfpmut3a in plasmid pBE2	田涛等
pBBR1-pckA-gfp	946 kb pck A-gfp gene fragment cloned in plasmid pBBR1MCS-2	This study

　　LB液体培养基（g/L）：称取酵母粉（yeast extract）5 g，氯化钠10 g，以及蛋白胨10 g（peptone），加去离子水溶解，调节溶液pH为7.0，后定容至1 L，并进行分装，高温高压（121 ℃，110 kPa）灭菌30 min，冷却至室温备用；

　　LB固体培养基（g/L）：称取酵母粉（yeast extract）5 g，氯化钠10 g，以及蛋白胨10 g（peptone），琼脂粉15 g，加入去离子水搅拌溶解，调节溶液的pH为7.0，后定容至1 L并分装，在高温高压（121 ℃，110 kPa）条件下灭菌30 min，冷却凝固，放室温备用；

　　CM液体培养基（g/L）：称取胰蛋白胨19 g，大豆蛋白胨3 g，葡萄糖2.5 g，NaCl 5.0 g，K_2HPO_4 2.5 g；固体培养基的配制在液体培养基基础上加入琼脂粉15 g，用去离子水溶解，调节pH为7.0，定容至1 L，摇匀后进行分装。121 ℃高温高压灭菌30 min。

　　PSB液体培养基：硫酸铵0.5 g，醋酸钠0.5 g，磷酸氢二钾1 g，硫酸亚铁0.05 g，硼酸0.05 g，钼酸钠0.05 g和酵母提取粉1.5 g，加入去离子水，搅拌均匀后调节pH为7.2，后定容到1 L并分装到125 mL小吊瓶中，高温高压（121 ℃，110 kPa）灭菌50 min；

　　1.3%固体PSB培养基：称取硫酸铵0.5 g，醋酸钠0.5 g，磷酸氢二钾1 g，硫酸亚铁0.05 g，硼酸0.05 g，钼酸钠0.05 g，酵母提取粉1.5 g以及琼脂粉13 g于量杯中，加入去离子水彻底混合溶解，调节pH为7.2，后定容到1 L并分装到250 mL锥形瓶中，高温高压（121 ℃，110 kPa）灭菌50 min；

　　1.8%固体培养基：称取硫酸铵0.5 g，醋酸钠0.5 g，磷酸氢二钾1 g，硫酸亚铁0.05 g，硼酸0.05 g，钼酸钠0.05 g，酵母提取粉1.5 g和琼脂粉18 g于量杯中，加入去离子水彻底混合溶解，调节pH为7.2，后定容到1 L并分装到250 mL锥形瓶中，高温高压（121 ℃，110 kPa）灭菌50 min。

3.3.2 实验方法

3.3.2.1 菌株培养及活化

沼泽红假单胞菌 CGA009（ATCC BAA-98）采用 CM 培养基好氧培养，菌株 GJ-22（CGMCC: 17356）为 PSB 培养基厌氧培养。从 -80℃ 超低温冰箱取出保存的菌株 GJ-22，置于 4℃ 冰箱融化 2~3 h，后划线接种于 1.3% 的 PSB 固体培养基上，在上层覆盖一层 1.8% 的固体 PSB 培养基，保证其厌氧环境。封口后，将平板放置于 30℃ 光照培养箱培养 3~7 天。待平板长出红色单菌落后，挑取单菌落接种于小吊瓶液体 PSB 培养基中进行培养，液体变红后，取少量菌液进行双层固体培养基划线培养，重复三次获得较纯菌株，保存备用。菌株 CGA009 的活化则是采用 CM 培养基进行划线活化培养。

3.3.2.2 菌株鉴定

通过平板划线来观测菌株菌落形态，颜色，并进行 16S rDNA 测序，对菌株 CGA009 和 GJ-22 进行鉴定分析。检测引物使用 PufM F: 5'-TACGGSAACCTGTWCTAC-3', R: AYNGCRAACCACCANGCCCA。在单层 CM 琼脂糖培养基上划线培养 CGA009，PSB 双层培养基中培养 GJ-22，在 4~5 天后，观察平板菌落状态。分别将两种菌株进行液体培养后，提取细菌 DNA，进行 PCR 扩增，PCR 产物送至生工测序，测序结果通过 NCBI 中 Blast 功能进行比对分析，鉴定菌株准确性。

3.3.2.3 DNA 的提取

以菌株 CGA009 DNA 为模板，通过 PCR 扩增得到 pckA-P 和 pckA-T 同源臂基因片段。利用 CTAB 法提取菌株 CGA009 的 DNA，具体操作步骤如下：

（1）取出实验室保存的 CGA009 菌液，接种于 CM 液体培养基中进行培养 7~10 天。

（2）取出 2 mL 培养好的菌液，12,000 r/min 离心 1 min，弃去上清，向沉淀中加入 500 μL TE 缓冲液，震荡混匀。

（3）向菌体中加入 30 μL SDS（10%）和 3 μL 蛋白酶 K（10 mg/mL），混匀后在 37℃ 水浴条件下消化 1 h。

（4）向混合液中加入 100 μL NaCl 溶液（5 mol/L），混匀后加入 80 μL CTAB，再次混匀，在 65℃ 水浴条件下孵育 10 min。

（5）向溶液中加入 713 μL 酚/氯仿/异戊醇（25∶24∶1），混匀后 13,000 r/min 离心 10 min。

（6）弃去沉淀后，向上清溶液中以 1∶1 的比例加入氯仿/异戊醇（24∶1），

–20 ℃静置2 h，10,000 r/min离心10 min。

（7）弃去上清，向沉淀中加入0.5 mL 75%预冷乙醇，上下颠倒多次，12,000 r/min离心10 min。

（8）弃去上清，55℃条件下干燥10~15 min。

（9）加入30 μL ddH₂O溶解DNA，后置于–20℃保存，备用。

3.3.2.4　同源臂基因扩增

使用软件Primer premier 5，根据CGA009基因组序列和NCBI所公布的pckA序列，设计pckA左同源臂基因（pckA–P）和右同源臂基因（pckA–T）的引物，加粗位置为酶切位点（表3–2）。

在pckA–P的5′端引物引入KpnⅠ酶切位点，在3′端引入BglⅡ酶切位点。同时，在右同源臂基因pckA–T的5′端引物引入BglⅡ酶切位点，在3′端引入了EcoRⅠ酶切位点。其中，酶切位点KpnⅠ和EcoRⅠ存在于载体pBBR1MCS–2上，而酶切位点BglⅡ在载体pBBR1MCS–2上不存在。

表3–2　实验所用引物

引物	序列
pckA-P	F: CGG**GGTAC**CCCGACGGAATGACTTGAGCCAG
	R: GGA**AGATC**TTCCACCGCGTCGCTGAAGTAAT
pckA-T	F: GGA**AGATC**TTCCCTGTCCACACAATCTGCC
	R: CCG**GAATT**CCGGCCCTTCGTATTTCGTTCGAT
pckA	F: ACGGAATGACTTGAGCCAG
	R: ACCGCGTCGCTGAAGTAAT
gfpmuta3	F: GGA**AGATC**TTCCATGAGTAAAGGAGAAGAACTTTTC
	R: GGA**AGATC**TTCCTTATTTGTATAGTTCATCCATGCC
PckA+gfpmuta	F: CCGGAATTCCACTATTCAGTCGCCCCA
	R: CCCAAGCTTCTTCGTATTTCGTTCGATCG
PckA-P	F: CGTTCGCCACTATTCAGTCGCCCCACTGGATCAGGGCGGTATATATTGACGTTACCGCGG
PckA-T	R: GCGCGCCGGCGATCGAACGAAATACGAAGGGCGGCCCGCAAGGCCGCCCTT

注　加粗位置为酶切位点。

以提取的CGA009的DNA为模板，利用pckA–P和pckA–T两对引物分别进行PCR扩增，得到pckA–P和pckA–T两个基因片段。PCR反应体系如表3–3所示。

表3-3 PCR反应体系

反应试剂	体积（总体积50 μL）/μL
ddH₂O	32.7
10×Buffer	5.0
dNTPs	4.0
引物 F	2.5
引物 R	2.5
DNA Taq聚合酶	0.8
DNA	2.5

PCR反应程序：

95℃	预变性	5 min	
95℃	变性	30 s	
56℃	退火	30 s	30个循环
72℃	延伸	60 s	
72℃	后延伸	10 min	
4℃		保存	

取50 μL PCR产物、10 μL上样缓冲液（6×）以及10 μL SYBR染色液充分混合，进行1.2%琼脂糖凝胶电泳检测（电压为100 V，25 min）。后利用凝胶成像仪分析其扩增图谱，并使用Omega试剂盒回收扩增片段，具体步骤如下：

（1）切胶。将带有目的片段的凝胶置于紫外灯下，利用消毒杀菌后的手术刀对目的条带进行切割。切割过程中，保证切下的胶条要尽量小，避免非目的条带污染。

（2）溶胶。将切下来的胶条放入干净的1.5 mL离心管中，称量胶条质量，按照胶条质量（mg）/膜结合液体积（μL）=1的比例加入适量体积的膜结合液（XP2）。然后将混合液放置于55℃水浴锅中溶胶7~10 min，直至胶条完全溶解。期间每隔2 min颠倒一次混合液，使胶条受热均匀，充分融化。

（3）DNA结合。首先将DNA离心吸附柱插入标配的收集管中。待凝胶溶液冷却到室温后，将已融化的凝胶溶液小心地加入离心柱中（不超过700 μL），室温静置1 min。在室温条件下，10,000 r/min离心1 min，弃去废液，将离心吸附柱重新插入收集管中。为了增加回收效率，可再次向离心柱中加入300 μL膜结合液，室温下13,000 r/min离心1 min，弃废液。

（4）DNA清洗。在离心吸附柱中加入700 μL膜漂洗液（SPW wash buffer），

13,000 r/min离心1 min，弃去废液，将离心吸附柱重新再放入收集管中，重复该步骤一次。

（5）DNA洗脱。弃去废液后，13,000 r/min离心1 min，彻底去除残余的漂洗液。将离心吸附柱转换到一个干净的离心管中，向离心吸附柱正中心加入35 μL预热的ddH$_2$O，室温静置2 min，12,000 r/min离心1 min，即得到纯化回收的目的片段，–20℃保存备用。

3.3.2.5　pckA基因片段的连接

基因片段的连接：将回收得到的pckA–P和pckA–T片段分别连入T载体中，得到重组载体T–pckA$_P$和T–pckA$_T$。连接体系见表3–4。

表3–4　连接反应体系

试剂	体系（10 μL）/μL
T4 DNA Ligase	1.0
10 × buffer	1.0
片段	5.0
载体	3.0

注　目的片段为pckA的5′侧翼基因和3′侧翼基因。4℃过夜连接。

连接产物的转化：将以上两个连接产物分别通过热激的方法，转化到大肠杆菌克隆菌株 E. coli DH5α中，在LB固体培养基中进行单菌落培养，挑选单菌落进行PCR验证和测序验证，验证结果正确的转接于LB液体培养基中扩繁培养，并对其质粒进行提取。具体转化步骤如下：

（1）将感受态细胞从–80℃冰箱取出，于冰上融化30 min。

（2）将连接产物分别加入50 μL感受态细胞中，轻弹混匀，勿吹打，在冰上静置35 min。

（3）将装有感受态细胞的离心管置于42℃水浴锅中热激30 s，立即置于冰上静置2 min。

（4）取500 μL LB液体培养基（不加抗性）加入装有感受态细胞的离心管中，37℃振荡培养1 h。

（5）5,000 r/min离心2 min，去除300 μL上清。

（6）将剩余菌液混匀，取100 μL涂布于含有卡那抗性的LB固体培养基中，37℃过夜培养。

质粒提取利用天根生物公司的质粒小提对质粒DNA进行提取，详细步骤如下：

（1）取2 mL过夜培养的菌液，室温下12,000 r/min离心2 min，尽量彻底去除上清液。

（2）向菌体中加入250 μL P1裂解液（含有RNase A抑制剂），震荡混匀，使菌体彻底悬浮。

（3）加入250 μL P2试剂，轻轻翻转混匀，充分裂解菌体，此时溶液呈澄清状态。

（4）加入350 μL P3试剂，温和地上下颠倒8~10次，直到有白色絮状物质出现，室温静置2 min，待反应完全。

（5）12,000 r/min离心10 min，吸取上清液到吸附柱中。12,000 r/min离心2 min，弃废液。

（6）向吸附柱中加入600 μL试剂（BW buffer），12,000 r/min离心2 min，弃去滤液，最后将吸附柱重新放回收集管中。

（7）重复步骤（6）一次。

（8）12,000 r/min空离2 min，彻底去除残留的BW漂洗液。

（9）将吸附柱放于一个新的灭菌的1.5 mL离心管中，向吸附柱正中央位置加入35 μL预热的ddH₂O，静置1 min。

（10）12,000 r/min离心2 min，进行DNA的洗脱，−20℃保存备用。

3.3.2.6　连接产物的验证

菌落PCR验证：挑取转化后的单菌落，置于10 μL灭菌ddH₂O中，使用全式金Taq酶进行PCR扩增，反应体系见表3-5，PCR反应程序如3.3.2.4所示。

测序验证：挑取转化后的单菌落，于含有卡那抗性LB液体培养基中过夜培养，取200 μL菌液送至生工进行测序验证。

表3-5　PCR反应体系

反应试剂	体积（总体积20 μL）/μL
ddH₂O	13.1
10×Buffer	2.0
dNTPs	1.6
引物F	1.0
引物R	1.0
DNA Taq聚合酶	0.3
DNA	1.0

3.3.2.7 前重组载体的构建

为了构建重组载体，首先构建前重组载体。在原始载体pBBR1MCS-2中插入同源交换臂pckA-P和pckA-P。重组载体构建全过程见图3-1。

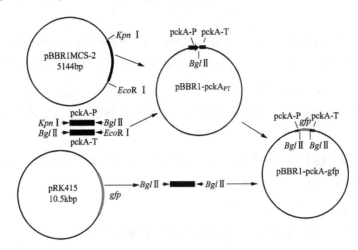

图3-1 重组载体pBBR1-pckA-gfp构建路线图

酶切：对质粒T-pckA$_P$和T-pckA$_T$进行 *Kpn* I 和 *Bgl* II 双酶切，获得pckA的5′端侧翼pckA-P和T-pckAp的载体片段。酶切反应体系见表3-6。

37℃过夜酶切后，将反应后的产物经过琼脂糖凝胶电泳进行检测（浓度：1.2%，电压：110 V，时间：25 min）。

表3-6 双酶切体系

反应试剂	50 µL 体系/µL
Bgl II 内切酶	2.5
Kpn I 内切酶	2.5
10 × Buffer	5.0
质粒	20.0
ddH$_2$O	20.0

3.3.2.8 同源交换臂的连接

将上述回收到的pckA的3′端侧翼片段pckA-P连接到酶切回收得到的带有pckA$_T$载体T-pckA$_T$上，连接体系如下：

目的基因片段	12 μL
载体片段	5 μL
Buffer	2 μL
T4 DNA ligase	1 μL
总体积	20 μL

混匀后，4℃过夜连接。

转化：将上述连接产物通过热激的方法转入大肠杆菌 E. coli DH5α感受态中，筛选得到正确的转化子，将菌株扩繁后，提取质粒 T-pckA$_{PT}$。

3.3.2.9 前重组载体连接

为了构建前重组载体，将目的基因片段pckA$_{PT}$连接到克隆载体pBBR1MCS-2中。首先对载体pBBR1MCS-2和质粒T-pckA$_{PT}$进行 EcoR I 和 Kpn I 酶切反应，经过DNA电泳检测后，对酶切后的片段进行回收，得到同源交换臂基因片段pckA$_{PT}$和载体pBBR1MCS-2片段。通过T4连接酶，将pckA$_{PT}$基因片段和pBBR1MCS-2载体片段在16℃条件下过夜连接，连接体系见表3-4。

将连接产物通过热激转化到菌株 E. coli DH5α中，并于加有卡那抗性的LB固体培养基中37℃过夜培养。随机挑选几个转化子进行菌液PCR和测序验证，对连接正确的转化子进行LB液体培养，提取质粒，命名为pBBR1-pckA$_{PT}$。

3.3.2.10 前重组载体的验证

对于前重组载体的验证，主要采用菌落PCR验证和双酶切验证。

菌落PCR验证：随机挑选几个转化成功的含有载体pBBR1-pckA$_{PT}$的大肠杆菌单菌落溶于10 μL无菌ddH$_2$O中，以pckA F/R为引物，进行PCR扩增，后通过琼脂糖凝胶电泳进行片段大小验证。PCR反应体系和反应程序见3.3.5。同时将PCR产物送去生工测序，验证连接是否正确，有无错配。

酶切验证：对提取的质粒pBBR1-pckA$_{PT}$进行 EcoR I 和 Kpn I 双酶切验证，酶切反应见表3-7，后通过琼脂糖凝胶电泳对酶切产物进行检测验证。

表3-7 双酶切验证体系

反应试剂	体系（20.0 μL）/μL
Bgl II内切酶	1.0
Kpn I内切酶	1.0
10×Buffer	2.0

续表

反应试剂	体系（20.0 μL）/μL
质粒	4.0
ddH$_2$O	12.0

3.3.2.11　重组载体的构建

重组载体 pBBR1-pckA-gfp 包含了沼泽红假单胞菌启动子基因 *pck*A 两侧同源交换臂基因和插在中间的 *gfp* 基因。前面已经成功构建了前重组载体 pBBR1-pckA$_{PT}$，下一步将 *gfp* 基因插入同源交换臂中间，即可完成重组载体的构建。

（1）*gfp* 基因片段的克隆。使用质粒 pRK415 作为扩增模板，gfpmut3a *Bgl* Ⅱ F/R（5′ 和 3′ 皆携带了酶切位点 *Bgl* Ⅱ）作为引物，利用 PCR 扩增反应对 *gfp* 基因片段进行扩增。随后将 PCR 扩增后的产物进行电泳检测，并对 *gfp* 目的片段进行割胶回收。再将回收片段连接到 T5 载体上，构建 T-gfp 载体。随后将载体 T-gfp 转入 *E. coli* DH5α 感受态中，于 LB 固体平板培养，并利用 PCR 反应筛选正确的转化子。挑选验证正确的单菌落进行液体培养，并进行质粒提取，得到质粒 T-gfp。

（2）*gfp* 片段和载体单酶切。对获得的质粒 T-gfp 和载体 pBBR1-pckA$_{PT}$ 分别在 37℃水浴中进行 *Bgl* Ⅱ 单酶切，得到 *gfp* 基因片段和 pBBR1-pckA 载体片段。酶切反应见表 3-8。

表 3-8　*Bgl* Ⅱ 单酶切体系

反应试剂	体系（20.0 μL）/μL
10 × H Buffer	2.0
Bgl Ⅱ	1.0
载体	7.0
ddH$_2$O	10.0

对质粒 T-gfp 和载体 pBBR1-pckA$_{PT}$ 酶切后，产物进行 1.2 % 琼脂糖凝胶检测（电压 90 V，32 min），回收 T-gfp 小片段胶条和载体 pBBR1-pckA$_{PT}$ 大片段胶条。

（3）去磷酸化处理。为了防止载体自连，保证连接准确度和高效性，需对酶切后 *gfp* 基因片段和 pBBR1-pckA$_{PT}$ 载体片段进行去磷酸化处理（表 3-9）。

表3-9 去磷酸化反应体系

反应试剂	体系（50 μL）/μL
10 × Buffer	5.0
CIAP	0.5
目的基因	40
ddH$_2$O	4.5

去磷酸化操作方法参照说明书，并稍加修改，具体方法如下：

①分别将磷酸化后的产物置于65℃水浴锅中，处理30 min，将内切酶灭活。

②向反应液中加入150 μL ddH$_2$O，混匀后，加入1 mL抽提液（酚：氯仿：异戊醇=25：24：1）上下颠倒数次进行抽提，后1,000 r/min离心10 min，分两次吸取400 μL上清置于两个新的2.0 mL离心管中。

③向每个离心管中加入400 μL氯仿：异戊醇=24：1，抽提一次，后取上清380 μL，于另一干净离心管中。

④然后加入38 μL 3M醋酸钠溶液于上清中，混匀后再加入700 μL预冷无水乙醇，−20℃静置1 h。

⑤4℃条件下，13,000 r/min离心20 min，弃上清。

⑥向沉淀中加入1 mL 70%冰乙醇悬浮沉淀，4℃离心20 min，去上清。

⑦室温条件下，将所得的沉淀进行干燥5~10 min，后加入10 μL灭菌ddH$_2$O，溶解沉淀。−20℃保存备用。

（4）重组载体的连接。将经过去磷酸化处理的 *gfp* 基因片段和pBBR1-pckA$_{PT}$载体片段进行连接，连接体系见章节3.3.6。后利用热激的方法将连接后的产物转化到 *E. coli* DH5α感受态中，于LB平板（含50 mg/mL卡那抗生素）过夜培养。挑取单菌落进行PCR验证，对验证结果正确的转化子进行液体摇瓶培养。并提取质粒，命名为pBBR1-pckA-gfp。

（5）重组载体的验证。利用质粒pBBR1-pckA-gfp作为模板，同源臂两侧引物pckA-Kpn I F和pckA-EcoR I R进行PCR扩增，后进行琼脂糖凝胶检测，分析扩增图谱，并将剩余产物送至生工测序，进行序列比对。

3.3.2.12 重组载体荧光蛋白表达

将验证正确的重组载体转入大肠杆菌表达菌株 *E. coli* BL21 DE3中，检测其荧光表达效果，并进行质粒提取。

R. palustris GJ-22感受态的制备采用Pelletier等人的方法制备沼泽红假单胞菌感受态细胞，具体方法如下：

（1）将沼泽红假单胞菌GJ-22于PSB固体培养基双层平板中活化培养，直至长出红色的单个菌落，挑取单菌落置于125 mL小吊瓶PSB液体培养基中，置于光照强度8000 lx，30℃的培养箱中厌氧培养至$OD_{660}=0.4$。

（2）于无菌条件下，取50 mL菌液，4℃，10,000 r/min离心10 min，去除上清。

（3）菌体用45 mL预冷灭菌ddH_2O悬浮洗涤，再次离心去上清，该过程重复3次。

（4）将菌体溶于10%甘油中，分装后于-80℃冰箱保存备用。

3.3.2.13　菌株GJ-22-gfp的构建

（1）取40 μL已制备好的感受态细胞，加入1~10 ng重组质粒，80 μL预冷的无菌水，将以上三样分别放入2 mm的电击杯中，静置10 min，随后通过电击转化的方法，将重组载体pBBR1-pckA-gfp转入GJ-22基因组中。电转条件：电压2.5 kV，电容2.5 μF，电阻100 Ω。

（2）电转后，加入1 mL PSB液体培养基，30℃在光照下培养20 h，后涂布于加有卡那霉素的PSB固体培养基中，置于30℃光照培养箱培养，直至长出红色单菌落。

3.3.2.14　荧光标记菌株的验证

（1）菌落PCR验证。利用单菌落悬浮液作为扩增模板，以pckA-gfp F/R作为引物，进行PCR扩增验证。后将PCR产物经过琼脂糖凝胶，检测其条带大小。

（2）荧光检测。取出2 μL菌落悬浮液做成玻片，利用激光共聚焦荧光显微镜观测488 nm下菌株绿色荧光蛋白发光情况，并进行拍照记录。

3.3.2.15　标记蛋白在菌株中表达稳定性验证

将携带重组载体pBBR1-pckA-gfp的菌株GJ-22-gfp接种于无抗性的PSB液体培养基中培养4天，直至菌液呈现鲜红色。后以1%的接种比率接种到无抗性PSB液体培养基中，30℃光照下培养4天后，以同样的方法接种于无抗性PSB液体培养基中，如此重复培养15次。每4天分别取100 μL菌液涂布于含卡那霉素和不含卡那霉素的固体PSB培养基中培养6~7天，计算每个平板上的菌落，然后在荧光显微镜（Olympus BX51，日本）下观察荧光表达情况，计算荧光表达菌落占总菌落比率，来测定标记载体在菌株GJ-22中的传代稳定性。

3.3.2.16　gfp标记对菌株生长代谢的影响

为了测定野生型和gfp标记菌株的生长曲线，以确定gfp的插入是否会影响菌株生长代谢，在相同条件下培养野生型菌株GJ-22和标记菌株GJ-22-gfp。将已经培养好的菌株GJ-22和GJ-22-gfp分别于8,000 xg离心，用无菌液体培养基重悬菌体，调整细菌OD_{660}为1.0。将野生型菌株按照1%比例接种到无抗性PSB培养基中，将标记菌株按照1%比例分别接种于含有卡那抗性和无抗性的新鲜液体培养基中，30℃ 8,000 lx光照培养箱中厌氧培养。每12 h检测一次细胞浓度，绘制细菌生长曲线。该实验重复三次。

3.3.2.17 标记菌株对于植物促生功能测定

为了测定gfp标记载体对菌株促生功能的影响，分别采用野生型菌株和标记菌株同时处理烟草植株，以PSB培养基以及ddH_2O作为对照，测定标记菌株促进植物生长能力是否和野生型菌株一致。

本试验选取本氏烟草（*Nicotiana benthamiana*）作为供试对象，本氏烟草种子保存于湖南省植物保护研究所。播种前，首先用1%次氯酸对烟草种子进行消毒处理1 min，后利用无菌水多次冲洗种子表面，彻底去除残留的次氯酸。将冲洗干净的烟草种子在无菌水中浸泡过夜，播种于营养土中进行培育。待一周左右，烟草长出两片子叶时进行移栽，于28℃，湿度为70%光照培养箱中培养。移栽两周后，选取长势一致的烟草苗分为四组，分别在烟草移栽后第7、第10、第14天做等量喷施处理，每组十株烟草，该实验重复三次。该实验一共设置四个处理：喷施5 mL GJ-22-gfp菌悬液（10^8 CFU/mL）；喷施5 mL GJ-22菌悬液（10^8 CFU/mL）；喷施PSB培养基；喷施ddH_2O。在最后一次处理后的第7天测定烟草植株的干重和根长。

3.3.2.18 标记菌株对于植物抗TMV功能测定

为了测定标记菌株对于植物抗TMV能力，本试验设置四个处理，喷施处理方法见第三章。最后一次喷施处理24 h后，采用摩擦接种的方法进行TMV病毒粒子的接种。在TMV接种后3天时取样，提取植株RNA，反转录为cDNA，利用qPCR检测TMV病毒粒子的含量。

烟草RNA的提取方法如下：

（1）将新鲜的植物叶片用液氮速冻，快速研磨成粉末状，加入1 mL Trizol试剂，上下颠倒多次，混匀样品。于冰上静置5 min。

（2）向样品中加入200 μL $CHCl_3$，剧烈振荡15 s，冰上静置5 min。

（3）4℃条件下，12,000 r/min离心10 min。

（4）取上层无色水相溶液，约600 μL，置于新的1.5 mL RNA专用离心管中。

（5）向水相中加入等量的预冷的异丙醇，混匀后，−20℃静置2 h。

（6）4℃，12,000 r/min离心10 min，去除上清，此时管壁上有白色胶状沉淀。

（7）用 1 mL 75% 预冷无水乙醇悬浮洗涤沉淀，4℃，12,000 r/min 离心 2 min。75% 无水乙醇使用 DEPC 水进行配置，现配现用。

（8）重复步骤（7）一次。去除上清，4℃，8,000 r/min 空离 3 min。

（9）去除上清，并使用枪头将剩余液体小心吸出，室温晾干。

（10）向试管中加入 30 μL DEPC 水，溶解 RNA，−80℃ 保存备用。

反转录体系如表 3–10 所示；反应程序为：42℃ 15 min，85℃ 5 s。

表 3–10　反转录反应体系

反应试剂	20 μL 体系/μL
5 × TC Mix	4
gDNA Remove	1
Total RNA	2
ddH$_2$O	13

实时荧光定量 PCR 反应体系如表 3–11 所示；反应条件为：95℃ 5 min（预变性），40 个循环的 95℃ 10 s（变性），60℃ 30 s（退火）。反应完毕后，根据 CT 值计算样品中 TMV 的含量。

表 3–11　qPCR 反应体系

反应试剂	25 μL 体系/μL
qPCR Mix	12.5
Primer F	0.5
Primer R	0.5
cDNA	1.0
ddH$_2$O	10.5

3.3.3　统计分析

不同处理间组间差异采用 T 检验进行鉴定分析，每个处理三个生物学重复。$P<0.05$ 被认为两组数据具有显著性差异，数据处理采用 Microsoft Excel 2013 软件进行完成。数据结果采用软件 Origin 9.0 进行可视化。

3.3.4 结果与分析

3.3.4.1 菌株鉴定

通过菌株CGA009和GJ-22的平板及扫描电镜图片可以看出，菌株CGA009和GJ-22为红色菌体，呈杆状。测序结果显示两种菌株均为沼泽红假单胞菌。两种菌株培养平板图以及显微镜图片如图3-2所示，菌株CGA009颜色更为鲜亮。

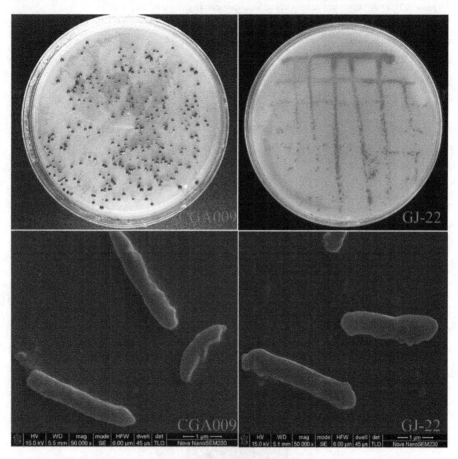

图3-2 平板图和显微镜图片

3.3.4.2 pckA同源臂基因的克隆及验证

以菌株CGA009 DNA为模板，利用引物pckA-P F/R和pckA-T对pckA 5′和3′端进行PCR扩增，得到两个片段pckA-P和pckA-T，分别为184 bp和51 bp。经测序结果于NCBI比对，比对率为100%相似性（图3-3）。由此证明，已经扩增得到了正确的pckA两侧翼片段。

A

Rhodopseudomonas palustris pckA gene for phosphoenolpyruvate carboxykinase, complete cds

Sequence ID: <u>AB015618.1</u> Length: 2480 Number of Matches: 2

Range 1: 461 to 584 <u>GenBank</u> <u>Graphics</u> ▼ <u>Next Match</u> ▲ <u>Previous Match</u>

Score 230 bits(124)	Expect 3e-56	Identities 124/124(100%)	Gaps 0/124(0%)	Strand Plus/Plus

Query 61 CGTTCGCCACTATTCAGTCGCCCCACTGGATCAGGCGGTATATATTGACGTTACCGCGG 120
           ||||||||||||||||||||||||||||||||||||||||||||||||||||||||||||
Sbjct 461 CGTTCGCCACTATTCAGTCGCCCCACTGGATCAGGCGGTATATATTGACGTTACCGCGG 520

Query 121 CCAGTGATGCGCGTTGGCGGCAATCGCGCGATCGAGACAACGCGGATTCGAGGAGGATCT 180
           ||||||||||||||||||||||||||||||||||||||||||||||||||||||||||||
Sbjct 521 CCAGTGATGCGCGTTGGCGGCAATCGCGCGATCGAGACAACGCGGATTCGAGGAGGATCT 580

Query 181 ATTC 184
           ||||
Sbjct 581 ATTC 584

B

Rhodopseudomonas palustris pckA gene for phosphoenolpyruvate carboxykinase, complete cds

Sequence ID: <u>AB015618.1</u> Length: 2480 Number of Matches: 1

Range 1: 2199 to 2249 <u>GenBank</u> <u>Graphics</u> ▼ <u>Next Match</u> ▲ <u>Previous Match</u>

Score 95.3 bits(51)	Expect 2e-16	Identities 51/51(100%)	Gaps 0/51(0%)	Strand Plus/Plus

Query 1   GCGCGCCGGCGATCGAACGAAATACGAAGCGCGGCCCGCAAGGCCGCCCTT 51
             |||||||||||||||||||||||||||||||||||||||||||||||||||
Sbjct 2199 GCGCGCCGGCGATCGAACGAAATACGAAGCGCGGCCCGCAAGGCCGCCCTT 2249

图3-3　片段pckA-P和pckA-T在NCBI比对结果

A-pckA-P; B-pckA-T

3.3.4.3　*gfp*基因片段的克隆

以gfpmut3a *Bgl* Ⅱ F/R 为引物，从质粒pRK415中扩增得到了*gfp*基因。单酶切后，通过凝胶电泳检测切下来的*gfp*基因片段（图3-4），其大小为717 bp，和预期大小一致。经NCBI比对，其和已报道的gfpmut3a序列相似性为100%，说明*gfp*基因在扩增以及酶切过程中序列完整，无错配。

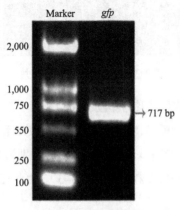

图3-4　*gfp*酶切图

3.3.4.4　重组载体验证

以重组载体 pBBR1-pckA-gfp 为模板，以 pckA-Kpn I 和 pckA-*Eco*R I 为引物，通过PCR扩增得到一个接近1,000 bp的条带，和预期大小一致（953 bp）。将PCR产物送至生工测序，测序结果和拼接序列相匹配，说明重组载体构建成功（图3-5）。

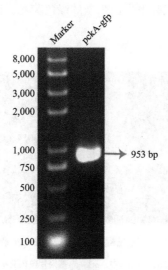

图3-5　重组载体PCR验证图

3.3.4.5　重组载体荧光表达检测

将重组载体 pBBR1-pckA-gfp 通过热激的方法转到大肠杆菌表达菌株 *E. coli* BL21 DE3中，过夜培养后，挑取单菌落用 ddH$_2$O 稀释，于激光共聚焦下检测菌株发光情况。如图3-6所示，重组载体在菌株 *E. coli* BL21 DE3中表达成功，能够表达出强烈的绿色荧光。

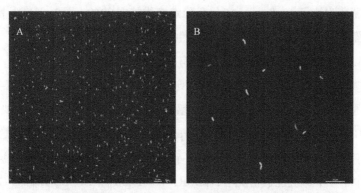

图3-6　载体 pBBR1-pckA-gfp 在大肠杆菌中标记蛋白的表达检测

A-荧光标记菌株 GFP 表达（10μm）；B-荧光标记菌株 GFP 表达（50μm）

3.3.4.6 荧光标记菌株的验证

将重组载体pBBR1-pckA-gfp通过电击转化的方法转入沼泽红假单胞菌GJ-22菌株感受态细胞中，以pckA-gfp F/R为引物，PCR扩增得到一系列大小在953 bp的条带（图3-7 A）。通过CLSM观测重组载体在菌株GJ-22中表达情况，如图3-7 B所示，菌落在488 nm蓝色激发光下发出强烈的绿色荧光，证明荧光标记菌GJ-22-gfp构建成功。

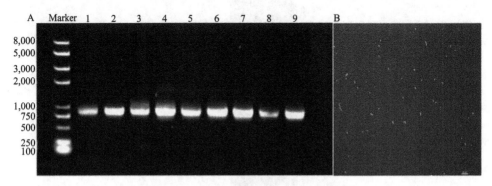

图3-7　荧光标记菌株GJ-22-gfp验证

A-在菌株GJ-22-gfp中，pck-gfp基因片段PCR扩增结果；
B-激光共聚焦488 nm激发光下，菌株GJ-22-gfp绿色荧光蛋白表达结果

3.3.4.7 荧光标记蛋白在菌株中表达稳定

为了检测gfp蛋白菌株GJ-22中表达稳定性，将菌株GJ-22-gfp在PSB液体培养基中连续稀释培养。每隔4天，将菌液分别涂布于加卡那抗性和不加抗性的培养基中培养，检测gfp蛋白的表达情况，如此重复15次。待两种平板长出单菌落后，利用荧光显微镜检测菌株荧光蛋白表达情况。结果表明，在培养基中培养5代后，约有10%的菌落失去了gfp信号，15代后稳定率维持在79%（图3-8 A）。由此可见，荧光标记菌株GJ-22-gfp具有足够的稳定性，可以用于定殖研究。

3.3.4.8 gfp标记对菌株生长的影响

将菌株GJ-22在无抗性PSB培养基中连续培养，将荧光标记菌株GJ-22-gfp分别在加卡那抗性或不加抗性的液体PSB培养基中培养，测定其生长曲线。结果表明，菌株GJ-22和荧光标记菌株GJ-22-gfp在无卡那抗性的液体培养基中生长相似。当培养基中加入卡那抗性时，菌株GJ-22-gfp的生长受到抑制（图3-8 B）。这表明，在培养基中不含卡那抗性的情况下，pBBR1-pckA-gfp插入对 *R. palustris* GJ-22的生长没有明显的影响。

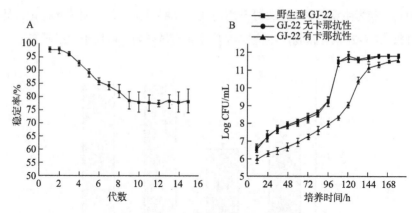

图3-8　gfp标记对菌株生长的影响

A-菌株GJ-22-gfp的表达稳定性；B-菌株GJ-22和GJ-22-gfp的生长曲线

3.3.4.9　荧光标记菌株促进植物生长测定

同时使用野生型菌株GJ-22和荧光标记菌株GJ-22-gfp处理烟草，接种GJ-22-gfp菌株提高了烟草植株的根长和干重。和ddH$_2$O对照相比，标记菌株处理组提高了植株根长的46.5%，增加了34.8%的干重。而菌株GJ-22-gfp与野生型菌株之间无显著差异（$P>0.05$）（图3-9A、图3-9B）。结果表明，*gfp*基因的插入，不影响菌株生防功能活性。

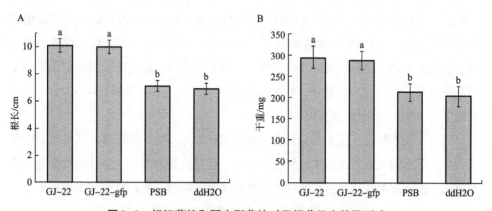

图3-9　标记菌株和野生型菌株对于烟草促生效果测试

A-处理后根长测定；B-处理后干重测定

3.3.4.10　荧光标记菌株抗TMV功能测定

分别利用野生型菌株GJ-22和标记菌株GJ-22-gfp处理烟草，接种TMV3天后检测植株中TMV病毒粒子含量，以PSB液体培养基和ddH$_2$O为空白对照。结果如图3-10所示，标记菌株处理组和ddH$_2$O对照组相比，病毒粒子含量显著降低

（$P<0.05$）。和野生型菌株GJ-22处理组对比，无明显差异，说明荧光标记载体的转入，对菌株GJ-22诱导植物产生抗TMV功能无明显影响，可用于后续研究。

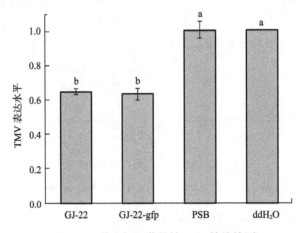

图3-10　荧光标记菌株抗TMV性能检测

3.3.5　小结

将沼泽红假单胞菌CGA009和GJ-22纯化后，通过平板培养以及显微镜的方法观测其菌体形态以及特性，结果显示两种菌株均为红色杆状，菌株CGA009颜色更为鲜亮。随后利用同源重组的方法将沼泽红假单胞菌同源臂基因pckA，以及绿色荧光蛋白基因 gfp 成功构建到载体pBBR1MCS-2中，成功构建了荧光标记载体。通过电击转化的方法，将重组载体转入菌株GJ-22基因组中。通过对荧光标记菌株PCR以及测序验证及荧光表达验证，我们成功筛选到了荧光表达菌株GJ-22-gfp，为以后微生物-植物互作研究奠定基础。

同时，我们测定了荧光标记蛋白对菌株GJ-22-gfp生长的影响，结果显示在无抗性条件下标记蛋白对菌株生长无明显影响。但是抗性的加入，会导致菌株生长周期迟缓。在标记菌株荧光表达蛋白稳定性测试中，我们检测了15代荧光菌株表达情况。在10代之前，部分菌株随着传代培养次数的增加，丢失了荧光。在10代之后，荧光蛋白在菌株中的表达趋于一个稳定状态。在15代时，荧光菌株稳定性达到了79%，此时菌株已生长了60天。由此说明，该标记菌株荧光表达足够稳定，可用以后续研究。通过对比野生型菌株和标记菌株对烟草促生及抗病功能的差异，发现荧光标记载体的插入，对菌株GJ-22生防功能影响不显著，以此证明菌株GJ-22-gfp表达稳定，可用于后续的定殖以及诱导植物抗病机制研究。

参考文献

［1］BLOEMBERG G, O' TOOLE G A, LUGTENBERG B J, et al. Green fluorescent protein as a marker for *Pseudomonas spp* ［J］. Applied Environment Microbiology, 1997, 63(11): 557-579.

［2］CASSIDY M B, LEUNG K T, LEE H, et al. A comparison of enumeration methods for culturable *Pseudomonas* fluorescens cells marked with green fluorescent protein ［J］. Journl of Microbiological Methods, 2000, 40:135-145.

［3］COOK N, SLLEOCK D .J, Waterhouse R N, et al.Construction and expression of bioluminescent strainsof Bacillus subtilis［J］.Journal of Applied Bacteriology, 1993,75: 350-359.

［4］GAGE D J, BOBO T, LONG S R. Use of green fluorescent protein to visualize the early events ofsymbiosis between *Rhizobium meliloti* and *Alfalfa* (Medicago sativa)［J］. Journal of Bacteriology, 1996, 7159-7166.

［5］GILBERTSON A W,FITCH M W,BURKEN J G, et al.Transport and survival of GFP-taggeroot-colonizing microbes: Implications for rhizodegradation［J］. European Journal of Soil Biology, 2007: 1-9.

［6］邱珊莲. 甲基对硫磷降解菌标记菌株的构建及其在土壤和植物中的定殖研究［D］.南京：南京农业大学，2005.

［7］张霞, 张杰, 李国勋, 等. 绿色荧光蛋白标记荧光假单胞菌及其生存能力检测［J］.植物保护学报, 2005, 32(3): 280-286.

［8］何鹏飞. B9601-Y2菌株的基因组解析及部分功能验证［D］.武汉：华中农业大学, 2014.

［9］DUBNAU D. Binding and transport of transforming DNA by Bacillus subtilis: the role of type-IVpilin-like proteins-a review［J］. Gene, 1997, 192: 191-198.

［10］DAVIDSEN T, REDLAND E A, LAGESEN K, et al. Biased distribution of DNA uptake sequences towards genome maintenance genes［J］. Nucleic acids research, 2004, 32:1050-1058.

［11］GAO C, XUE Y, MA Y. Protoplast transformation of recalcitrant alkaliphilic Bacillus sp. withmethylated plasmid DNA and a developed hard agar regeneration medium［J］. PloS one, 2011, 6: e28148.

［12］KOUMOUTSI A, CHEN X-H, HENNE A, et al. Structural and functional characterization of geneclusters directing nonribosomal synthesis of bioactive cyclic lipopeptides in *Bacillus amyloliquefaciens* strain FZB42［J］. Journal of bacteriology, 2004, 186: 1084-1096.

［13］LU Y P, ZHANG C, LYU F, et al. Study on the electro-transformation conditions of improving transformation efficiency for Bacillus subtilis［J］. Letters in applied microbiology, 2012, 55: 9-14.

［14］ROMERO D, DE Vicente A, RAKOTOALY R H, et al.The iturin and fengycin families of lipopeptidesare key factors in antagonism of *Bacillus subtilis* toward Podosphaera fusca［J］. Molecular Plant-Microbe Interactions, 2007, 20: 430-440.

［15］WORRELL V E, NAGLE D, MCCARTHY D, et al.Genetic transformation system in the archaebacterium *Methanobacterium thermoautotrophicum* Marburg［J］. Journal of bacteriology, 1988, 170: 653-656.

［16］杨阳.绿色荧光蛋白基因转化早花柠檬创制新种质［D］.武汉：华中农业大学, 2017.

［17］SINGH R K, PRASAD M. Advances in Agrobacterium tumefaciens-mediated genetictransformation of graminaceous crops［J］. Protoplasma, 2016, 253: 691-707.

［18］ALTPETER F, SPRINGER N M, BARTEY L E, et al. Advancing crop transformation in the era of genome editing［J］. ThePlant Cell, 2016, 28: 1510-1520.

［19］TEH B S, APEL J, SHAO Y Q, et al. Colonization of the intestinal tract of the polyphagous pest spodoptera littoralis with the GFP-Tagged indigenous gut bacterium enterococcus mundtii ［J］. Frontiers in Microbiology, 2016, 7(928): 1-11.

［20］ZHAI Z Y, DU J, CHEN L J, et al. A genetic tool for production of GFP-expressing Rhodopseudomonas palustris for visualization of bacterial colonization［J］. AMB Express, 2019, 9(1): 2-12.

［21］孔小婷, 苏品, 程菊娥, 等. 大豆不同生育期叶际光合细菌群落结构特征［J］. 南方农业学报, 2020, 51(8): 1977-1984.

［22］PELLETIER D, HURST G, FOOTE L, et al. A general system for studying protein-protein interactions in Gram-Negative bacteriap［J］. Journal of Proteome Research, 2008, 7(8): 3319-3328.

［23］TORRES A R, ARAÚJO W L, CURSINO L. Colonization of madagascar periwinkle (catharanthus roseus), by endophytes encoding gfp marker［J］. Archives of Microbiology, 2013, 195(7): 483-489.

第4章　生防菌株定殖研究

我国作为农业大国，近年来随着化学农药以及化肥的施用，极大地提高了农产品的产量和经济效益。但使用过程中带来的一系列问题也不容忽视。化学农药和化肥的大量使用，导致农业生态环境遭到破坏，病虫害抗药性增加，有害物质残留，严重危害了人体以及农田有益微生物的健康。在农业的长远可持续发展过程中，微生物防治发挥着重要的作用。生防菌株的筛选以及防治机理的研究正日渐清晰。

4.1　生防菌定殖研究概述

生防菌能成功在宿主植物中定殖，是生防菌和宿主植物互相作用的关键所在。生防菌能够促进植物生长，诱导植物产生抗病性，增强植物免疫力，很大程度上依赖于生防菌的定殖能力。生防菌抵达宿主植物后，会聚集在一起形成生物膜，在宿主植物中成功定殖。细菌生物膜是由细菌分泌的胞外蛋白、胞外多糖（exopolysaccharide，EPS）以及菌体共同组成的一种群体结构。其中不同菌株所产生的胞外蛋白以及胞外多糖种类具有很大差异。目前，对于一些根际生防菌，如芽孢杆菌和大肠杆菌生物膜形成过程及分子机制已经有了大量研究。但对于叶际生防菌，尤其是沼泽红假单胞生物膜的形成以及调控机制等方面的研究还较少。详细了解沼泽红假单胞菌在宿主植物中的定殖动态，对于提高生防菌剂在宿主中的防控效果具有重要意义。同时，其也有助于科学、有效的田间施用技术的制定。

而对于根际生防菌，其主要依赖于与植物根部分泌出的有机质作为营养物质，供根际微生物的生长和繁殖。根际微生物为了能够在植物根际环境中稳定地存活下来，获得更多的营养物质，必须要先进行高效的定殖。因此，如何提高生防菌的定殖能力也一直是人们研究的重点内容。若生防菌不能有效且稳定地在根际以及叶际定殖，就很难充分发挥其生防功能。根际定殖的过程可以分为三个阶段，第一个阶段感受根际信号；第二个阶段是根际的趋化性游动；第三个阶段是生物膜的形成。常见的根际感受信号一般是根际的分泌物，微生物在根际定殖初期能够感受并识别根系分泌物。根系分泌物主要有大分子以及小分子两个组分的物质组成的，能够为根际微生物提高有效的碳源与氮源，在根际微生物定殖过程中发挥着重要的作用。目前，已知的来自于根系分泌物的信号分子主要是氨基酸、小分子糖、有机酸以及次级代谢产物等。已经报道的黄酮类以及独角金内酯类物质被推断和芽孢杆菌的根际定殖中发挥着重要的调控作用。微生物的根际趋化性是指微生物能够根据生长环境中物质之间存在的浓度梯度，通过对自身的鞭毛进行控制，来控制自身运动的反应达到趋利避害的目的的行为。经过研究发现，微生物的趋化性主要是依赖细菌鞭毛进行的，而鞭毛的运动方式可以分为两种，一种为逆时针旋转，即细菌的鞭毛会拧成一束进行泳动；另一种为顺时针旋转。细菌鞭毛以分散的形式进行顺时针旋转。人们对芽孢杆菌和大肠杆菌的趋化性进行了差异性比较，为细菌趋化性机制的研究提供更多的参考。生物膜的形成对生防菌的定殖能力起着决定性的作用。对生物膜形成机理的研究主要集中在SinR/SinI、DegS/DegU、AbrB 三个调控因子。SinR/SinI 作为在生物膜形成过程中重要的调控因子，SinI 能够和 SinR 发生直接结合，解除对两个操纵子 eps 以及 tapA 的限制。DegS/DegU 是芽孢杆菌中较为重要的双组分调控系统，DegS 组氨酸激酶可以通过对外界环境的信号变化对磷酸化水平进行调控。DegU 磷酸化水平较低时，能够激活细菌鞭毛基因，增强细胞游动性以及运动性。当处于中等水平时，能够激活生物膜形成的基因，诱导细胞聚集形成生物膜。当磷酸化水平处于较高的程度时，能够抑制和鞭毛相关基因的转录，更有助于生物膜稳定性的形成。

生防菌在宿主植物叶际定殖受很多生物以及非生物因素的影响。生物因素主要包括生防菌本身特性、宿主植物生理特性以及和周围土著微生物的相互作用等。非生物的影响因素主要为温度、水分、风力、紫外线强度、pH 等，均能影响生防菌在宿主植物中的定殖。由于生防菌在宿主植物定殖研究受诸多因素影响，为了进一步开发沼泽红假单胞菌作为叶际生防菌剂，有必要深入研究其定殖规律。

4.2　微生物定殖研究进展

微生物能否在植物中稳定定殖是生防菌发挥其生防作用的首要条件。研究表明，生防菌在植物根际以及叶际的定殖能力和生防效果密切相关。生防菌在抵达叶面后，为了适应叶面强辐射、低营养以及少水分的恶劣的生存环境，需要和宿主植物以及土著的其他微生物相互作用，适应新的生存环境，在植物叶际形成稳定的定殖，才能更有效地发挥生防作用。微生物在植物叶面主要定殖于气孔、角质层以及表皮细胞壁，尤其是在叶面背部。生防菌在植物叶面定殖主要经过四个阶段，分别为环境适应、聚集、进入以及外散阶段。生防菌为了能够给自己创造更优良的生活环境，抵达植物叶面后首要就是对植物特性进行改造，实现自身在叶面更稳定地定殖。有报道指出酵母菌在抵达叶面后，能够分泌出IAA类的植物激素，促进植物的健康生长，同时还有助于植物抵抗病原菌带来的危害。同时，研究发现在胡椒叶片上喷施芽孢杆菌，减少了叶片中真菌的数量，为菌株争取到了更多的定殖空间以及营养供给。

　　因此，近年来人们着力于提高生防菌在植物中的定殖能力，希望以此能够提高生防菌的生防效果。生防菌在植物根际的定殖可以分为两个阶段：吸附以及增殖。另外，生防菌在植物根际以及叶际的定殖也受到根系、叶面分泌物以及土著微生物的影响，环境条件也会影响生防菌的定殖数量以及形态。为了研究生防菌的定殖，人们建立了多种标记方法，常用的有抗生素标记法、基因标记法、荧光标记、电镜观察法以及活体检测等方法。其中应用最为广泛的为荧光标记法。目前，GFP、RFP以及YFP是荧光标记中常用的标记基因，表达稳定，易于观察，且对宿主无毒无害。能够实现对细胞实时活体检测，在微生物定殖研究中发挥着重要作用。

　　自20世纪80年代以来，很多研究集中于生防菌的定殖研究中。借助荧光显微镜，观测细菌在植物根部或者叶部接种后的定殖动态，了解起定殖特性，研究其定殖规律。结果发现，刚接种后的细菌往往以单个的形态附着在植物根部或者叶片表面，释放出一系列相关的信号分子物质，促进细胞的聚集，形成微菌落，构建结构以及功能完善并稳定的生物膜。

4.3　微生物定殖检测方法

4.3.1　抗生素标记法

　　抗生素标记也是目前常用的一种生物标记的方法。其通过对目标菌株进行自发突变或者诱导突变，从而筛选出能够高抗某种抗生素的突变体菌株，然后以这种抗生素的特征作为菌株筛选的标志对突变后的菌株进行筛选与验证。在基础研究中，常用的抗生素主要包括利福平、链霉素、氨苄青霉素、卡那霉素以及萘啶酮酸等，在菌株定殖研究中发挥着不可或缺的作用。吴蔼民等人通过对菌株73a进行利福平标记，成功观测到了标记菌株在棉花植株体内的定殖动态。刘忠梅等人通过对菌株B946进行链霉素和利福平双抗生素进行标记，然后对标记菌株在小麦植株中的定殖动态进行研究分析，结果表明标记菌株能够成功在小麦植株内定殖，随着时间的变化，菌株能从植株叶部向茎以及根部进行迁移。杨洪风等人对内生解淀粉芽孢杆菌进行利福平抗性标记，利用平板计数的方法，对菌株在小麦植株根部的定殖动态以及定殖能力进行分析研究，结果表明标记菌株CC09不仅能够在小麦根际、根表成功定殖，在小麦根部也发现了标记菌株的存在。然后利用透射电镜（TEM）深入观察标记菌株定殖位点，研究发现标记菌株在小麦根部多个组织，包括皮层组织、中柱鞘、细胞间隙以及髓腔中都可以成功定殖，而且对小麦根部的组织细胞并未产生影响。另外，齐永志等人通过对菌株B1514进行利福平和硫酸链霉素双标记，对其在小麦根际和根内定殖动态进行观测，结果表明标记菌株不仅能够在根际稳定定殖，在根内也表现出较强的定殖能力。

4.3.2　GFP标记研究菌株定殖动态

抗生素标记的方法操作较为简单和快速，但因其精确度较低，对标记菌株定殖量并不能够精确统计分析，且标记菌株具有较低的稳定性，非目标菌株干扰性较大，给研究工作准确性带来了不确定性。随之，GFP标记技术的发展引起了人们的广泛关注和应用。GFP标记菌株在微生物与植物互作研究中应用较为广泛。首先是构建标记菌株，将外源标记基因通过特定的方法转入目标菌株中，外源基因能够在菌株体内进行转录，表达出该基因的特征形状，从而可以和环境中其他微生物区别开来，产生荧光信号，对该菌株进行实时定殖动态观测。GFP标记菌株的应用为微生物和宿主植物之间的互作机制研究提供了更为直接、高效的方法途径，也受到了国内外较多学者的关注和研究。

在20世纪，有学者将GFP基因和mini-Tn5转座子进行融合，然后分别转入固氮螺菌和施氏假单胞菌中，研究这两个菌株和宿主植物的互作关系。近年来，由于GFP荧光标记菌株较为稳定以及简便直观，大量的GFP荧光标记菌株被构建，并应用于小麦、水稻、玉米、白菜、番茄等各种农作物体内，叶际或根际微生物的定殖动态以及促生、抗病分析与研究中。通过构建荧光标记菌株，发现很多生防菌能够在植物叶际或根际占据有利的生态位点，促进植物生长，诱导植物产生抗病性，增强植物免疫力，生防效果较为显著。同时，也可以利用荧光标记菌株追踪微生物在植物体内定殖位点，来判别菌株是否为内生菌株。只有内生菌株才能够在植物体内的组织，包括细胞间隙、根毛细胞组织、表皮细胞、薄壁细胞中定殖并检测，非内生细菌则只能在植物表面检测到其存在。以此来看，荧光标记菌株在微生物和植物互作机制等方面的研究中发挥着巨大的作用。

随着GFP标记技术的发展，越来越多的研究工作者们投身于标记菌株的定殖研究中。田涛等人将GFP基因和一个广宿主载体相连，成功构建了一个荧光标记载体pGFP4412，将重组载体分别转入八个野生的芽孢杆菌中，均呈现出明亮的绿色荧光。研究其中一个菌株A47在小麦体表以及根际的定殖情况，结果表明定殖于小麦根部及根表的菌株比茎部更为稳固，且从定殖量来看，从小麦根部到根尖，定殖量呈现出显著减少的趋势。JI等人的研究表明，生防菌芽孢杆菌Lu144不仅可以在桑树的根交界处定殖存活，且在干部的分化区和伸长区也发现了标记菌株定殖，更有荧光菌株可以通过植株组织的间隙，从而进入植株体内不同的组织细胞间隙，且定殖于桑叶的菌株比根际的菌株更为稳定（图4-1）。2006年，TIMMUSK等人的研究结果表明多粘芽孢杆菌能够在拟南芥根际形成生物膜来抵御病原菌的入侵。从共聚焦的结果图可以看出，标记菌株在拟南芥根表并非一单个菌株定殖的，而是以一定的群落在拟南芥根部进行定殖行为。

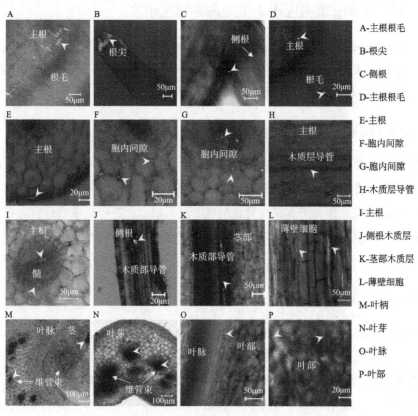

图4-1 生防菌株L144在桑树不同组织中的定殖形态图

4.3.3 免疫学方法用于定殖研究

抗原能够和抗体发生特异性免疫反应，利用特定的抗体去检测抗原，可以用来观测目标菌株所在的位置。目前利用免疫法研究定殖位点的方法主要有酶联免疫吸附法、荧光抗体技术以及Western印迹法等，经过上述方法操作后，对样本进行染色，再借助荧光显微镜对目标菌株所存在的位置进行观测。除此之外，人们还可以借助扫描电镜和透射电镜技术，利用免疫胶体金标记目标菌株，再借助透射电镜对目标菌株定殖的位置进行观测。高增贵曾利用免疫金银染的方法，对玉米内生菌进行标记，探究其在植物中的定殖情况。结果显示，在内生菌进入玉米植株体内时，主要定殖位点为玉米根部的细胞间隙，在玉米茎部以及叶部也有少量的内生菌定殖，但定殖量远低于根部。利用免疫学的方法来观测目标菌株定殖动态，具有定位准确、特异性较强、灵敏度高以及定殖位点和数量较为准确的优点，但其操作比较复杂和昂贵，需要借助于电镜才可以观测。

4.3.4 Biolog技术应用于生防菌株定殖研究

Biolog技术主要是一种对纯种微生物、环境微生物以及病原微生物进行鉴定的生化反应的测试方法。利用该技术可以对植物叶际微生物群落动态变化进行研究。该技术在微生物群落结构分析中不对原有的代谢特征造成破坏。

4.3.5 脂质分析技术

脂质技术常用于对微生物群落的动态分析。脂质分析技术用于三个方面的分析：磷脂脂肪酸分析（PLFA）、脂肪酸谱图分析（MFA）以及甲基脂肪酸酯谱图分析（FAME）。磷脂作为细胞膜特异性的成分，可以以此进行活菌的分析。但在分析过程中，微生物中脂肪酸的含量会因环境变化而改变，给检测带来了更多不准确性。

4.3.6 荧光原位杂交技术

荧光原位杂交技术能够对样品中特定的微生物进行定性以及定量的分析。利用特定微生物的荧光标记探针和微生物的细胞之间进行杂交，借助于共聚焦荧光显微镜，观察和探针发生相互作用的细胞，以此来对样品中的微生物进行鉴定分析。和其他技术相比，FISH技术不需要DNA提取、纯化等环节，操作更为简便。但其也存在着一些弊端，在检测中所使用的探针需要预先根据已知的微生物序列进行设计，无法检测出未知的微生物。

4.3.7 PCR技术

PCR技术对微生物的分析主要分为以下三种。

（1）PCR-RFLP分析。该方法通过对一条引物进行荧光标记，PCR反应后进行契合限制性内切酶酶切处理，后将酶切产物进行琼脂糖凝胶电泳分析，按照目的DNA片段的大小来分析微生物群落结构的组成。有报道声明可以利用T-RFLP技术对植物叶片中的内生菌群落结构多样性以及动力学特征进行解析。

（2）PCE-DGGE技术。PCR-变性梯度凝胶技术（PCR-DEEG）是指微生物的特定的保守序列能够在DGGE的作用下，分离出两条大小不一的DNA条带，通过对分理处的条带DNA进行测序分析，再将测序结果和已知的序列数据库进行对比，以此可以确定微生物的种属。该技术已经被广泛应用于已知微生物或者未知微生物在植物叶际或根际定殖的群落组成变化研究中。

（3）qPCR技术。实时荧光PCR技术也是一种微生物定殖的检测的方法。q-PCR方法利用在PCR反应过程中加入荧光基团，在PCR整个反应过程中对荧光信号的积累量进行监测，实现对DNA的含量进行定量分析。相比传统的计数法，qPCR的方法不仅可以对可培养的微生物进行检测，对不可培养的微生物也可以进行定量测定分析。在qPCR反应体系中，常用的方法有两种，一种为探针法，探针为TaqMan探针；另一种为染料法，常用的染料为SYBR Green荧光染料。探针法的原理就是在TaqMan探针上携带有荧光基团，荧光基团和淬灭剂接近后导致荧光淬灭，信号急剧减弱，通过对荧光信号强度进行测定即可计算出DNA的含量。而SYBR染料法是基于染料和DNA分子相结合后可以激发荧光的表达，进而可以检测荧光信号的强弱来推算DNA分子的浓度。qPCR的检测方法具有灵敏度高、特异性好以及检测方便快捷等优点，在微生物定殖中广泛应用，但在检测过程中也会存在一些死细胞的干扰作用。

4.3.8 高通量测序技术

高通量测序技术是近年来发展起来的测序技术，主要应用于对微生物分类/基因组学、转录组学以及蛋白组学进行测定分析。其具有准确性高、数据库较为全面，能对不可培养的微生物进行检测的优点。且随着近几年来价格的降低，越来越多研究工作者们应用高通量测序技术对微生物的定殖动态进行测定分析。对细菌通常采用的是16S rDNA基因的焦磷酸测序分析，而真菌则采用18S rDNA基因测序技术分析。

4.3.9 激光共聚焦荧光显微镜技术

激光共聚焦荧光显微镜是目前菌株定殖研究应用最广泛的技术。其在普通光学显微镜的基础上增加了激光扫描的装置，通过激光对样本进行扫描和识别，再经过电脑图像合成处理，即可以实现在细胞水平对细胞组织的形态变化进行观察。如今，激光共聚焦荧光显微镜技术不仅仅被用于细胞组织的观察，还被用于细胞中的组织形态定位研究，以及目标基因或蛋白再生物体内的动态变化过长、生物体的立体结构重组等。通过紫外光或可见光激发生物体内荧光信号，得到生物体内目标基因或目标蛋白的荧光图像，从而实现对目标的定位分析。除此之外，人们还可以利用该技术对荧光信号进行定量测定分析，且已经被广泛应用于分子生物学以及细胞学的研究中。和传统的荧光显微镜以及普通光学显微镜相比，激光共聚焦荧光显微镜可以实现组织光学切片以及三图像重现等功能，极大地增加了荧光信号的观察准确性。此外，该技术还可以实现对活细胞的动态信号检测，以及可以检测到细胞内各种离子的实时动态，为分子细胞学的研究做出更大的贡献。

除此之外，人们也可以利用DNA探针和RNA探针对目标菌株进行标记来探究目标菌株在宿主中的定殖动态。根据目标菌株的特异性序列，设计与其特异性序列互补的DNA或RNA探针，用来检测目标菌株在植物体内定殖位点。该方法能够实现对目标菌株的特异性识别，灵敏度较高，准确度强。另外，为了增加检测的准确性，可以将DNA和RNA探针的方法和抗生素标记以及基因诱变相结合，达到更好的标记效果，更有利于对目标菌株的定殖检测。

4.4 生防菌株定殖的影响因素

4.4.1 趋化性对菌株定殖能力的影响

生防菌对植物叶际和根际代谢物的趋化性以及生物膜的成膜性能是影响生防菌株定殖能力的重要因素。一些生防菌，特别是一些根际微生物对根际代谢物的趋化性能够指引生防菌趋向于植物根际迁移、聚集，进而形成生物膜，增强生防菌的定殖能力。细菌能够在植物根际定殖，和植物根部的分泌物是密不可分的。植物体通过光合作用，将固定的碳运输到根部，释放到根际环境中形成根部分泌物。定殖于根际的生防菌能够利用多种根部的分泌物，如氨基酸、碳水化合物以及有机酸等，作为其生长代谢的营养物质（图4-2）。所以，研究表明定殖于植物根际的细菌会向植物根部的位置移动，即细菌的趋化性，也是生防菌能够成功定殖于植物根际最关键的一步。研究表明当植物促生菌CheA基因缺失时，菌株在植物根际定殖能力显著降低。另外，前人从黄瓜根际分离筛选到一株生防菌 *B. amyloliquefaciens* SQR9，通过实验证明该菌株对多种作物根部所分泌的物质都具有趋化性，但根部物质的不同，对菌株定殖的趋化能力影响也不同。

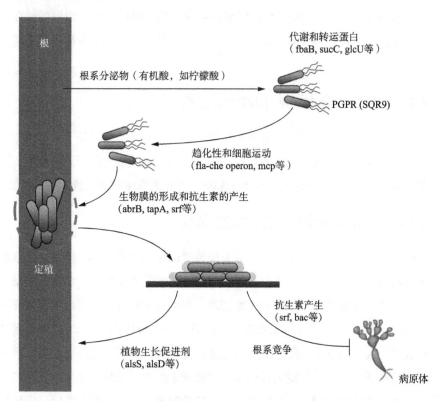

图4-2　生防菌在植物根部和病原菌之间关系模式图

4.4.2　成膜能力对生防菌定殖能力的影响

细菌的生物膜是指细菌在蛋白质、多聚糖以及DNA等胞外物质黏附作用下，再结合一些其他固体或液体介质，和其他微生物形成的一个紧密的细胞多聚体。细菌在形成生物膜后，能够获得更为充足的氧气和营养物质，且对抗生素以及外界环境具有更强大的耐受性和抵抗力。近年来，较多研究者借助于荧光标记技术以及共聚焦荧光显微镜以及荧光原位杂交技术发现在土壤中的一些生防菌，能够在植物根际定殖，形成细菌聚集体，后期会逐渐形成细菌微菌落。更多研究表明，细菌的成膜能力和其定殖数量以及耐受性密切相关。2004年，BAIS等人构建了野生型芽孢杆菌Srf的缺失突变菌株 *B. subtilis* 6051，结果发现突变菌株成膜能力和根际定殖能力均显著降低。同样的，在2012年，CHEN等人对野生型菌株进行了成膜基因的敲除，结果发现菌株的成膜能力和定殖能力密切相关。另外，更多研究结果表明生物膜形成的能力和菌株对于植物病害的防控能力也要显著的相关性。JAKOVLEVACT等人发现菌株 *P. Putida* 中的基因Fis能够诱导菌株生物膜的形成，增强菌株在植物根际的定殖能力，并能够有效促进植物生长以及在防控病虫害的发生中起着重要的作用。

4.4.3　根系分泌物影响生防菌的定殖

根系分泌能够调控根际生防菌和植物的互作，其作为信号分子，对微生物和植物之间的共生作用起着关键性的作用。如类黄酮是连接根瘤菌和豆科植物的重要的桥梁。Strigolactones则是植物与真菌（AMF）互作关系中较为关键的信号物质。

4.4.4　细菌运动性对菌株定殖的影响

生防菌株的运动性也是菌株定殖能力最重要的影响因素之一。细菌在土壤中能够发生移动。从接种点逐渐运动到营养物质较为丰富的植物根际。细菌的移动方式可以分为三种，分别为在液体中单细胞游动、半固体中的群体性移动以及依靠细菌鞭毛拉动菌体蹭行运动。DE WEGER等人的研究表明菌株 *P. fluorescens* 鞭毛运动性基因缺失时，在马铃薯中根际定殖能力显著降低。更多的研究结果也表明，当生防菌株的鞭毛基因缺失时，其游泳运动能力明显低于野生型菌株，在植物根际和叶际定殖能力也显著降低。因此，生防菌株的运动性对菌株在植物根际和叶际定殖行为中发挥着重要的作用。

4.4.5　生防菌自我调节对定殖的影响

此外，生防菌自我调整也对菌株的定殖起着关键性的作用。研究发现，若将和细菌DNA重排过程中的一种特定的重组酶xerC/sss进行敲除后，其在多种植物根尖的定殖能力均呈降低的趋势。但当把ssDNA片段导入生防菌株DNA中时，菌株定殖能力相比野生型菌株显著提高。更有趣的是，超氧化物歧化酶（SOD）作为生物体体内氧自由基途径最为重要的一种酶，将其SOD酶基因突变后，菌株在植物根际的定殖能力显著降低。

4.4.6　生物膜对细菌定殖的影响

生物膜的形成对细菌在植物中的定殖也具有重要的意义。生防菌能够聚集在一起，形成成熟稳定的生物膜结构，不仅可以和病原菌争夺有利的空间位点和营养物质，抑制病原菌的生长，还能够分泌出一些激素等小分子物质，促进植物的生长，或者诱导植物增强自身抗病性。细菌可以通过形成生物膜的方式来增强自身对外界环境改变带来的压力，更好地适应外界环境以及发挥生防功能。通过对细菌生物膜形成的能力以及在植物根际定殖的能力进行研究，证明细菌生物膜形成的能力越强，其定殖能力也越强，因此，生物膜的形成在生防菌的定殖以及功能表达中起着关键性的作用。

综上所述，建立一套灵敏、高效的特异性检测方法，对研究细菌定殖动态起着关键性的作用。目前已经报道的检测方法主要是抗生素标记、基因标记、荧光标记、电镜观测以及活体检测等。而抗生素标记和基因标记检测时间短，对细胞毒性大。荧光标记由于其检测方便，稳定性高且对细胞无毒等特点，被广泛应用于活体检测中。绿色荧光蛋白（GFP），最早从水母中提取得到，其在蓝色以及紫外光激发下可以发出明亮的绿光。因其易表达、稳定且易于检测等特征，在细胞标记示踪以及功能研究中广泛应用，其能够实现对细胞体外、原位的实时观测，目前在较多工程菌定殖研究中得到应用。

4.5　沼泽红假单胞菌在植物叶际定殖动态监测实例

植物叶际主要是指植物根际以上的部分，是植物抵御病原体侵染的第一道防线，也是一些生防菌的栖息地。但由于叶际生存环境恶劣多变，营养物质、水资源匮乏且暴露于紫外线的辐射下，这种极其复杂贫瘠的环境大大降低了一些有益菌的存活率以及活动种群。受外界条件的影响，生防菌在叶际生物圈不易占据定殖优势，这也是影响其生防功能的主要原因。而且对于叶际微生物定殖的研究大多为病原菌，如丁香假单胞菌（*Pseudomonas syringae*）和欧文氏菌（*Erwinia spp.*）。虽说许多生防菌株在实验室水平实验中都具有良好的防控效应。但在推广应用中，生防菌在植物上的定殖数量直接影响其防控效果。因此，改善其定殖数量以及掌握生防菌在植物中定殖动态是提高生防菌生防功能关键的技术，也为生防菌剂的开发提供依据。研究生防菌定殖能力，对阐明微生物和植物互作具有重要的意义，也是生防菌剂开发应用的关键。

沼泽红假单胞菌GJ-22，其作为叶际生防菌的一种，在前期研究中，被证明其可以通过分泌IAA和5-氨基乙酰丙酸（ALA），诱导烟草产生抗烟草花叶病毒（TMV）性能，但是目前对其在植物叶际定殖动态了解甚少。本研究通过激光共聚焦荧光显微镜（confocal laser scanning microscopy，CLSM）以及扫描电镜（scanning electron microscopy，SEM）对沼泽红假单胞菌荧光标记菌株GJ-22-gfp在烟草叶际定殖动态进行了观测研究，并验证了菌株定殖数量及定殖状态和其诱导植物产生抗病性相关联，为沼泽红假单胞菌生防菌剂开发提供新的策略。同时验证了胞外多糖对菌株在植物叶际定殖状态以及诱导抗病的影响。

4.5.1 实验方法

4.5.1.1 菌株材料

本试验所用菌株及载体见表4-1。*R. palustris* GJ-22-gfp构建方法见于本书第3章，其在无抗性的PSB培养基中厌氧光照培养。大肠杆菌*E. coli* DH5α和*E. coli* S17-1则是在LB培养基中，37℃有氧培养。ΔExop1和ΔExop菌株在PSB培养基中进行培养，30℃光照厌氧培养。

表4-1　菌株和质粒

菌株和质粒	表型和特征
R. palustris GJ-22	Gram-negative bacteria, Wide type
R. palustris GJ-22-gfp	953 kb pck A-gfp gene fragment cloned in strain GJ-22
Escherichia coli DH5 α	F- φ80d lacZ ΔM15 Δ(lacZYA-argF) U169 end A1 recA1 hsdR17(rk- mk+) supE44 λ - thi-1 gyrA96 relA1 phoA
Δ rpaI-GFP	km^r, Hyg^r, Δ*rpaI* harboring pBBR1MCS-2-pckA-GFP
Δ Exop1-GFP	km^r, Hyg^r, Δ*Exop1* harboring pBBR1MCS-2-pckA-GFP
Δ Exop1	Δ Exop1: Hyg^r, derivative of GJ-22, Hyg^r gene controlled by CaMV 35S promoter

续表

菌株和质粒	表型和特征
Δ Exop2	Δ Exop2: *Hyg*ʳ, derivative of GJ-22, Hygʳ gene controlled by CaMV 35S promoter
Escherichia coli BL21 (DE3)	F-ompT hsdSB(rB-mB-)gal dcm lacY1(DE3) pRARE(*argU*, *argW*, *ileX*, *glyT*, *leuW*, *proL*)(Camr)
S17-1	Transformation host, conjugation
pEASY®-T1	Ampr and Kanr, cloning vector, 3,830 bp
pSUP202	Ampʳ, suicide plasmid
pBBR1-pckA-gfp	953 kb pck A-gfp gene fragment cloned in plasmid pBBR1MCS-2

4.5.1.2 植物材料

本试验所用植物为本氏烟草。在播种前,将种子利用1%次氯酸进行消毒杀菌,然后在70%无水乙醇中浸泡10 min,再用大量的无菌水冲洗种子,彻底去除种子表面存留的次氯酸和乙醇。冲洗完毕,将种子浸泡在无菌水中12 h,促进种子萌发。第二天,将烟草种子撒播于湿润的营养土中,放置于28℃,湿度为70%的光照培养箱中进行育苗培养,光照条件为白天(14 h)/黑夜(10 h)。一周后,待种子长出两片子叶时,将烟草苗移入装有营养土:蛭石=1:1的黑色钵中,放置于光照培养箱进行培养(白天:黑夜=16:8)。待烟草第六片叶子完全舒展开时,喷施菌液GJ-22-gfp,直至植物叶片全部浸湿。

4.5.1.3 引物

本试验所使用的引物序列见表4-2。

表4-2　实验所用引物

引物	序列
UP-Exop1-F	F: CGACCACACCCGTCCTGTGGATCC
	R: TATTACCCTTTGTTGAAAAGTCTCA
DOWN- Exop1	F: CGTCCGAGGGCAAAGAAATAG
	R: GGCTCTCAAGGGCATCGGTCGAC
Hyg	F: TGAGACTTTTCAACAAAGGGTAATA
	R: CTATTTCTTTGCCCTCGGACG

引物	序列
Exop1	F: TCGAGGTCGACGGTATCGATAAGCTT
	R: CCCCCGGGCTGCAGGAATTC
Exop2	F: ATGCGTGTCGTAGGTGCGTT
	R: TTAGAACCAGCGTTCACCGA
qTMV	F: TAGAGTAGACGACGCAACGG
	R: AGAGGTCCAAACCAAACCAG
NbPR1a	F: ATCGGAAACACTGGAATC
	R: CAAATAAGCCAATACACTCA
NbPR3	F: TGAGGAGGATGAATAGA
	R: AAAGCCTAACAAGTGC
NbEF-1a	F: GACCCTGATGTTGATGTTCGCT
	R: GAGGGATTTGAAGAGAGATTTC

4.5.1.4　GJ-22突变菌株的构建

GJ-22突变菌株具体构建方法详见SU等的研究。沼泽红假单胞菌GJ-22突变体 ΔExop1 是利用一个CaMV 35S启动子驱动的 *Hygr* 基因替换了基因Exop1（GJ-22_12270）的编码序列，突变体菌株 ΔExop2 则是利用CaMV 35S启动子驱动的Hygr基因替换了基因Exop2（GJ-22_22975）。首先将目的基因 *Exop1* 或 *Exop2* 片段连接到自杀载体pSUP202中，构建前自杀载体pSUP202-Exop1和pSUP202- Exop2。再将 *Hygr* 基因片段连接到前自杀载体pSUP202-Exop1和pSUP202- Exop2中，构建出两个突变基因的自杀载体。将两个自杀载体转化到结合菌E. coli S17-1中，和沼泽红假单胞菌GJ-22进行混合，利用结合转移，成功构建缺失 *Exop1* 或 *Exop2* 基因的突变体菌株，分别命名为 ΔExop1 和 ΔExop2。

4.5.1.5　细菌定殖量测定

使用沼泽红假单胞菌标记菌株GJ-22-gfp喷施处理烟草植株，在处理后每4 h取样一次，检测菌株在烟草叶片中的定殖数量。收集烟草植株第三片和第四片叶子，同一处理组的汇集在一起，再从每个处理组准确称取10 g叶片组织，放置于200 mL磷酸盐缓冲液中。静置20 min后，将样品进行超声处理10 min，超声频率为47 Hz。然后再将带有植物叶片的PSB缓冲液置于150 r/min的摇床中转孵育30 min。最后将混合液在4℃条件下，10,000 r/min离心10 min，在无菌室小心的去除掉植物组织，将剩余溶液分装于50 mL无菌离心管中，12,000 r/min离心10 min，收集菌体沉淀。再用10 mL PBS重悬沉淀，12,000 r/min离心10 min，收集沉淀，重复该步骤3次，最后将沉淀溶于1 mL灭菌的PBS缓冲液中。

取出10 μL收集到的细菌混合液，稀释到1 mL，然后取100 μL稀释液涂布于加有卡那抗性的PSB平板中，培养5天后，检测菌株在荧光显微镜下发光数量，测定其定殖数量。

4.5.1.6　CLSM观测定殖动态

为了观测标记菌株GJ-22-gfp在烟草叶片中的定殖动态，利用激光共聚焦荧光显微镜对菌株GJ-22定殖动态进行观测。分别在菌株喷施植物12 h，48 h，72 h和96 h时进行取样，每个时期5个重复。将收集到的叶片小心切割成1 cm×1 cm的切片，在尼康激光共聚焦荧光显微镜下488 nm激发光下，观测菌株在植物叶际定殖位置以及动态。

4.5.1.7　SEM定殖动态观测

为了更加清晰地看到菌株在植物叶际定殖动态，我们利用扫描电镜（SEM）对菌株在烟草叶片上定殖情况进行观测。样品处理方法在POONGUZHALI等人报道的基础上做出了修改。在菌株处理植物12 h，48 h，72 h和96 h时进行取样，制作成1 cm²左右的叶片切片。然后将叶片置于固定液中固定，随后将叶肉组织转移到含有2.5%戊二醛的0.1 mol/L PB缓冲液中，室温孵育40 min。然后将叶片放入1%四氧化锇溶液中，室温静置1 h。然后用0.1 mol/L磷酸缓冲液小心冲洗叶片3次，再依次用30%、40%、50%、60%、70%、80%、90%以及100%无水乙醇对叶片进行脱水处理。最后对植物切片进行喷金处理，并进行干燥。最后利用SEM对菌株定殖动态进行检测。

4.5.1.8　GJ-22-gfp诱导烟草抗TMV功能分析

利用荧光标记菌株GJ-22-gfp喷施烟草植株，直至烟草叶片全部铺满水滴，以喷施等量PBS的植株为对照。在菌株处理12 h后，将纯化的TMV病毒粒子（7.4×10⁻⁴ μg/mL，每片烟草20 μL）使用摩擦接种的方法机械接种于植株的第三、第四片叶片上。分别在TMV病毒粒子接种后12 h，48 h，72 h和96 h时，收集第五、第六片叶片，采用Trizol法提取叶片RNA，反转录后，利用实时荧光定量PCR（qPCR）检测样品中TMV的含量。

4.5.1.9　R.palustris诱导烟草抗TMV中相关蛋白基因表达检测

在TMV处理后，分别在接种TMV后0 h、6 h、12 h以及18 h提取植物样本

RNA，反转录为cDNA，运用RT–PCR来检测抗病相关蛋白基因*NbPR1a*和*NbPR3*的表达情况。利用1%琼脂糖凝胶电泳对反应后的产物进行分离、检测，分析基因表达情况。

本试验所用引物见表4-2。反应程序如下：95℃ 5 min（预变性），40个循环的95℃ 30 s（变性），54℃ 30 s（退火），72℃ 40 s（延伸）。该实验重复3次。

4.5.1.10　*R.palustris*　GJ–22胞外多糖的提取

为了验证胞外多糖的产生是否会影响菌株在植物叶际定殖数量以及定殖动态，本试验检测了野生型菌株、突变体菌株ΔExop1和ΔExop2产胞外多糖的含量。首先对菌株所产胞外多糖进行提取。具体提取方法如下：

（1）将培养好的菌液在4℃条件下，15,000×g离心50 min，去除菌体沉淀，保留上清发酵液。

（2）将上清发酵液通过0.45 μm膜过滤，彻底去除菌体和不溶性杂质。

（3）向发酵液中加入无水乙醇［V（发酵液）∶V（无水乙醇）=1∶2］，4℃条件下放置24 h，沉淀多糖。

（4）10,000×g离心30 min，收集沉淀。

（5）将沉淀重悬于95%无水乙醇溶液中，10,000×g离心10 min，该步骤重复3次。

（6）去除残留的乙醇溶液，将离心后的沉淀放置于真空冷冻干燥仪中冷冻干燥，并进行称重。

4.5.2　结果与分析

4.5.2.1　菌株在烟草叶际定殖量的变化

为了检测沼泽红假单胞菌GJ-22在烟草叶际定殖数量的变化，本研究将GJ-22悬浮液（6.0×10^7 CFU/mL）通过喷施的方法处理本氏烟草，检测96 h时间内细菌种群数量的变化。

结果表明，细菌在96 h的时候已经完全形成群落结构。在前24 h时间内，细菌定殖数量从5.3×10^7 CFU/mL骤降到4.8×10^3 CFU/mL，这可能是因为在细菌定殖初期，对外界环境变化抵抗力较弱导致的。在处理后24 h到48 h，细菌定殖数量趋于稳定。在48 h到72 h，细菌数量呈现慢速增长趋势，从48 h的6.6×10^3 CFU/mL增长到72 h的8.62×10^4 CFU/mL。在72 h到96 h时间段内，细菌种群数量迅速增长，从8.62×10^4 CFU/mL增长到9.7×10^7 CFU/mL（图4-3）。

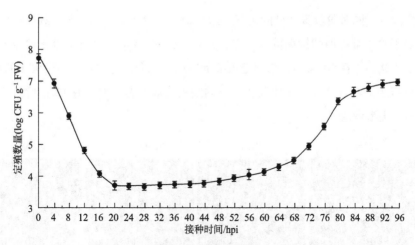

图4-3　菌株GJ-22在烟草叶际定殖数量检测

4.5.2.2　菌株GJ-22在烟草叶际定殖动态观测

利用CLSM和SEM对菌落动态进行观测。我们一共观测到了细菌定殖的四个阶段。如图4-4所示，在处理后12 h时，细菌群落处于定殖初期，大多数细菌以单个的细菌形态散乱分布。在48 h时，随着处理时间增加，叶片表面单个的细菌明显减少，且细菌聚集在一起，位于植物表皮细胞连接处的细胞存活下来。到72 h的时候，更多细菌聚集在一起，形成微菌落定殖于叶片表皮细胞连接处和细胞间隙里，72 h时拍摄的代表性图像在图4-4中显示。随着时间潜移，细胞群落迅速扩大，形成大的聚集体。到96 h时，细菌大多以大的聚集体存在，在96 h时捕获的代表性图像在图4-4中显示。此时细菌菌落不再局限于植物表皮细胞之间的连接处，而是扩展到周围表面。综上所述，四种不同阶段的菌落，阶段Ⅰ：即在细菌定殖12 h时期，细菌以单细胞游离形态散乱分布；阶段Ⅱ：定殖48 h时期，细菌聚集在一起，形成小的细菌群，定殖于叶片表皮细胞连接处；阶段Ⅲ：定殖72 h时期，细菌聚集在一起，形成细菌微菌落；阶段Ⅳ：更多细菌聚集在一起，形成大的细胞聚集体，并向四周进行扩散繁殖。

为了进一步说明从菌株在植物叶际定殖动态从阶段Ⅰ到阶段Ⅳ的菌落动态变化，本试验计算了每种菌落类型的叶片样本的百分比（图4-5）。在定殖早期（0~20 h），结果显示超过70%的叶片样本具有阶段Ⅰ类型的菌落形态。在菌株喷施处理后的第16 h，开始检测到类型为阶段Ⅱ的菌落形态。到48 h的时候，有将近72%的叶片样品呈现出阶段Ⅱ类型的细菌菌落，此时只有8%的叶片样品仍保留在阶段Ⅰ类型的菌落形态。从处理后的48 h开始，处于阶段Ⅱ类型的细菌菌落形态的样品数量开始慢慢减少，同时阶段Ⅲ类型的菌落形态开始出现。在72 h的时候，约60%的叶片样品处于阶段Ⅲ类型的细菌菌落形态，此时，仍有6%的叶片样品处于阶段Ⅱ时的细菌菌落状态。在80~86 h，细菌定殖数量呈现出一个稳定的状态。在96 h的时候，约60%以上的叶片样品处于阶段Ⅳ类型的细菌菌落形态，而只有4%的叶片样品处于阶段Ⅲ类型菌落状态。

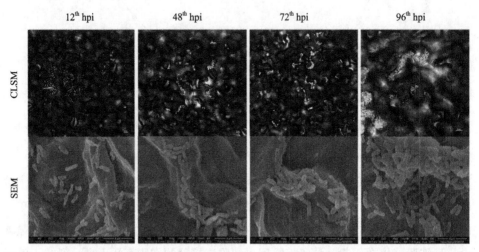

图4-4　激光共聚焦荧光显微镜（CLSM）和扫描电镜（SEM）观测菌株在烟草叶际定殖动态检测图

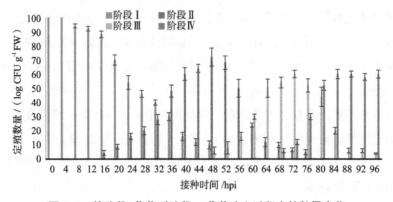

图4-5　从阶段Ⅰ菌落到阶段Ⅳ菌落建立过程中的数量变化

聚集体的形成增强了菌株GJ-22对干旱和热胁迫的耐受性：为了研究细菌聚集体的形成是否能够增强GJ-22的抗逆性，我们对不同菌落类型的细菌细胞进行了干旱和热胁迫处理。使用菌株GJ-22-gfp喷施处理本氏烟草植株，将处理后的烟草分为四个小组。分别在菌株处理后12 h（细菌定殖状态大多数为阶段Ⅰ类型），

48 h（细菌定殖状态大多数为阶段Ⅱ类型），72 h（细菌定殖状态大多数为阶段Ⅲ类型）以及96 h（细菌定殖状态大多数为阶段Ⅳ类型）时，将烟草植株转移到相对干燥和温度较高的培养箱中（温度为39℃，湿度为40%）。分别在转移后的第1天和第3天，利用激光共聚焦荧光显微镜观测菌落形态。从图4-6显示结果来看，菌落形态处于阶段Ⅲ类型和阶段Ⅳ类型的烟草植株，在较干燥及温度较高的环境下，细菌在植物叶际定殖群落形态变化不大。而细菌定殖形态处于阶段Ⅰ和阶段Ⅱ类型转入高温干燥环境的植株，在第3天时，有大量的菌株迅速死亡。由此来看，菌落形态处于阶段Ⅲ类型和阶段Ⅳ类型的菌株，对外界环境具有更好的适应性以及抵抗力。

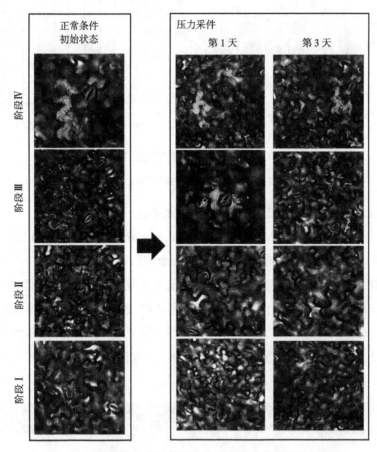

图4-6　不同类型细菌群落对于外界环境变化的抵抗力观测

　　菌株在叶际形成聚集体能够诱导烟草产生抗病性：为了研究菌株GJ-22在定殖过程中诱导植物抗病性ISR的发生时间。分别在植物接种GJ-22-gfp后12 h（阶段

Ⅰ）、48 h（阶段Ⅱ）、72（阶段Ⅲ）以及96 h（阶段Ⅳ）时接种TMV病毒粒子。处理方法如图4-7 A所示。在TMV病毒粒子接种6天后，取样进行RNA提取，检测样品中TMV病毒粒子的含量。结果显示，在菌落呈现阶段Ⅲ和阶段Ⅳ时接种TMV，TMV的表达水平和对照相比分别降低了40.19%和50.93%。而在前期，菌株在烟草叶际定殖处于阶段Ⅰ和阶段Ⅱ时接种TMV的样品中，TMV病毒粒子的积累量和对照组相比没有显著性差异。

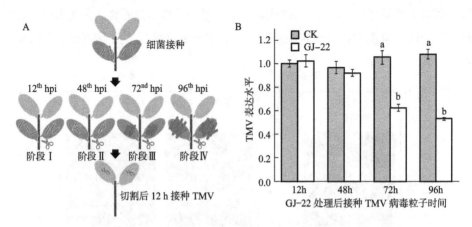

图4-7 菌株GJ-22诱导植物抗TMV检测

A- 不同菌株产生 EPS 的含量；B- 野生型和突变体菌株定殖结果

4.5.2.3 诱导抗病中抗病相关蛋白基因的表达

我们分析了*NbPR1a*和*NbPR3*在接种TMV 18 h后在植物中的表达情况，以验证ISR的发生（图4-8）。结果显示，在处于阶段Ⅲ和阶段Ⅳ菌落形态时，接种TMV病毒粒子的植株，其样品中抗病蛋白基因表达水平更高。这说明菌株在植物叶际定殖形态位于阶段Ⅲ和阶段Ⅳ时，能够有效的诱导植物产生抗TMV的抗性。而在阶段Ⅰ和阶段Ⅱ状态时，抗性基因表达水平和对照组无显著差异。这表明GJ-22能够诱导植物产生抗病性阶段发生在阶段Ⅲ和阶段Ⅳ菌落定殖阶段。

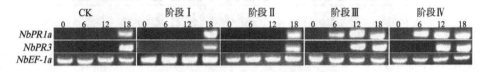

图4-8 GJ-22诱导植物抗病中抗病相关蛋白基因表达水平

4.5.2.4 胞外多糖含量对菌株定殖的影响

胞外多糖，作为微生物生物膜的主要成分，对于细菌定殖起着关键性的作用。

基于沼泽红假单胞菌 GJ-22 基因组，我们筛选到两个胞外多糖的合成基因，分别为 *Exop1* 和 *Exop2*。分别利用将 *Exop1* 和 *Exop2* 基因转入自杀性载体中，再转入结合菌株，利用结合菌株和沼泽红假单胞菌结合转移，构建了两个基因的突变体菌株 ΔExop1 和 ΔExop2。通过检测两个突变菌株产生胞外多糖含量，结果显示在相同的培养条件下，突变体菌株 ΔExop1 所产胞外多糖的含量显著降低，和野生型菌株相比，突变体 ΔExop1 产生的胞外多糖含量降低了 69%。而突变体菌株 ΔExop2 所产胞外多糖含量和野生型菌株无显著差异（图 4-9 A）。同时，在菌株喷施处理烟草 72 h 的时候，利用扫描电镜观测菌株在植物叶际定殖形态（图 4-9 B）。结果显示，野生型菌株在植物叶际定殖形态处于阶段 III 类型，但是突变体菌株 ΔExop1 观测结果却并没有像野生型一样形成紧密的聚集体。该结果表明基因 *Exop1* 是胞外多糖（EPS）一个关键性的合成基因，其可以调控胞外多糖的含量。另外，该结果也表明，胞外多糖的产生，对于细菌在植物叶际定殖形态具有非常重要的作用。

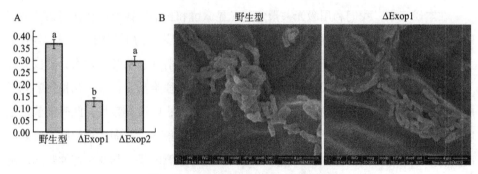

图4-9 胞外多糖对菌株定殖的影响

A- 不同菌株产生 EPS 的含量；B- 野生型和突变体菌株定殖结果

4.5.2.5 EPS对菌株诱导抗病性的影响

为了验证胞外多糖的产出是否和菌株诱导植物抗性有关。本试验比较了野生型菌株 GJ-22 和突变体菌株 ΔExop1 在干旱条件下细菌定殖数量以及诱导植物产生对 TMV 抗性。结果显示，菌株 ΔExop1 在干旱条件下定殖数量急剧减少（图 4-10 A）。与野生型相比，突变体菌株 ΔExop1 对植物诱导 TMV 的保护功能也显著降低（图 4-10 B）。经过菌株 ΔExop1 处理后的烟草中 TMV 的积累量比野生型植株高 64%。因此可以推测得到，基因 *Exop1* 作为菌株 GJ-22 胞外多糖的一个关键性的合成基因，影响菌株胞外多糖的产生，进而调控菌株在宿主植物叶际上定殖数量和形态，从而影响菌株对植物的诱导抗病性。

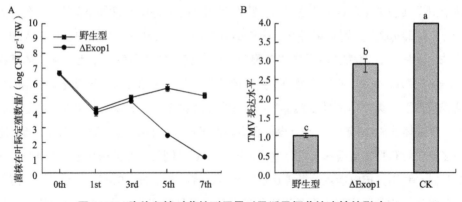

图 4-10　胞外多糖对菌株耐干旱以及诱导烟草抗病性的影响

A- 野生型和突变体菌株在逆境下产生 EPS 的含量；B- 野生型菌株和突变体菌株对 TMV 抑制效果

4.5.3　小结

在本研究中，我们利用激光共聚焦荧光显微镜和扫描电镜对菌株在植物叶际定殖动态进行了观测。菌株在植物叶际定殖群落形态一共分为 4 个阶段类型。阶段类型 Ⅰ：在细菌定殖初期，细菌以单个菌株游离形式散落在植物叶际表面；阶段类型 Ⅱ：菌株在植物表皮细胞间隙里形成小的细菌群；阶段类型 Ⅲ：细菌在植物叶际形成微菌落，定殖于植物表皮细胞连接处和细胞间隙里；阶段类型 Ⅳ：此时细菌定殖属于成熟期，菌株在植物叶际上形成了较大的细菌聚集体，并向表皮细胞连接处周围进行扩散繁殖，细菌种群密度也随之增加。值得注意的是，细菌在植物叶际定殖群落结构从阶段类型 Ⅰ 过渡到阶段类型 Ⅱ 需要 36 h，从阶段类型 Ⅱ 到阶段类型 Ⅲ 的演变需要 24 h，从阶段类型 Ⅲ 到阶段类型 Ⅳ 用时更短，只需要 16 h。

通过对菌株在植物叶际定殖数量的测定，发现在第一个阶段，可能是由于环境因素，营养物质缺乏，细菌在植物叶际定殖数量迅速减少。而随着处理时间，在第二个阶段的时候，细菌数量呈现出一定阶段的平稳期。在第三个阶段，细菌在植物叶际定殖数量缓慢上升，可能是细菌适应了叶际的生态环境，产生了一些未知物质，有助于其在叶际环境能够获得更多营养物质，维持叶际环境中的水分，更好的存活以及抵抗外界环境带来的压力。在第四个阶段，细菌数量迅速上升，菌落规模也不断扩大，细菌种群密度也显著增加，也有可能是细菌种群密度增加，菌株产生了生物膜，更好的保护细菌抵抗外界条件变化。

胞外多糖，作为细菌生物膜主要组成成分，在细菌定殖过程中扮演着重要的角色。其可以维持细菌所需要的养分以及保护菌体免受外界环境的压力。在本研究中，通过构建菌株胞外多糖合成基因的突变体菌株，研究发现胞外多糖含量的减少，会导致菌株在植物叶际定殖数量的减少，进而降低了菌株对于外界环境的抵抗力，也降低了生防菌株对植物产生的诱导抗病性。但是具体作用机制还不明确。有报道称，蜡样芽孢杆菌产生的胞外多糖，能够激活植物JA/ET信号通路，增强植物抗病性。但是对于菌株GJ-22相关的和植物互作机制还不明确。在前期研究中，表明菌株GJ-22可以产生IAA和ALA促进植物生长。有报道表明，ALA分泌物的产生，能够诱导植物产生糖类的营养物质。所以菌株在植物定殖状态后期数量的增加，有可能是细菌聚集体的形成，所产生IAA或者ALA含量增加，从而诱导烟草产生更多营养物质，有助于细菌的定殖。同时，本试验表明，菌株在定殖阶段Ⅲ以及定殖阶段Ⅳ时期，植物中和抗病相关的基因 *NbPR1a* 和 *NbPR3* 表达量上调，表明菌株定殖可能同时激活了SA和JA/ET两条信号通路。

总之，本试验揭示了沼泽红假单胞菌在烟草叶际定殖动态的过程，以及定殖不同时期对胁迫耐受力及诱导植物抗病进行了检测，结果表明，细菌在叶际形成聚集体后，不仅能增加细菌抗逆能力，还能诱导植物产生抗病性，增强植物免疫防御反应。对微生物菌剂的开发应用提供了更加明确的方向。同时，初步判定了胞外多糖含量影响菌株在宿主植物中的定殖数量以及定殖动态，进而影响植物诱导抗病性。但是具体作用机制不明晰，仍需进行下一步研究。

参考文献

［1］JI X, LU G, GAI Y, et al. Biological control against bacterial wilt and colonization of mulberry by an endophytic Bacillus subtilis strain ［J］. Fems Microbiology Ecology, 2010, 65(3):565-573.

［2］范晓静. 植物内生细菌GFP标记及两个基因与定殖的关系 ［D］. 福州：福建农林大学，2009.

［3］吴蔼民, 顾本康, 傅正擎, 等. 内生菌 73a 在不同抗性品种棉花体内的定殖和消长动态研究 ［J］. 植物病理学报, 2001, 31(4): 289-294.

［4］刘忠梅, 王霞, 赵金焕, 等. 有益内生菌 B946 在小麦体内的定殖规律 ［J］. 中国生物防治, 2005, 21(2): 113-116.

［5］蔡学清, 何红, 胡方平. 双抗标记法测定枯草芽孢杆菌BS-2和BS-1在辣椒体内的定殖动态 ［J］. 福建农林大学学报, 2003, 32(1): 41-45.

［6］齐永志, 赵斌, 李海燕, 等. 多功能菌 B1514 在小麦根际的定殖及对纹枯病的防治作用

［J］. 植物保护学报, 2014, 41(3): 320-325.

［7］ JOYCE N, KAZUNORI T, TASUKU S, et al. Infection and colonization of aseptically micropropagated sugarcane seedings by nitrogen fixing endophytic bacterium, Herbaspirillum sp.B501gfp1［J］. Biology and Fertility of Soils, 2006, 43: 137-143.

［8］范晓静, 邱思鑫, 吴小平, 等. 绿色荧光蛋白基因标记内生枯草芽孢杆菌［J］. 应用与环境生物学报, 2007, 13(4): 530-534.

［9］冯永君, 宋未. 水稻内生优势成团泛菌 GFP 标记菌株的性质与标记丢失动力学［J］. 中国生物化学与分子生物学报, 2002, 18(1): 85-91.

［10］MANOJ K S, CHANDA K, RAMESH K S. Studies on endophytic colonization ability of two upland rice endophytes, Rhizobium sp. and Burkholderia sp., using green fluorescent protein reporter［J］. Current Microbiology, 2009, 59(3): 240-243.

［11］THOMA P, SEKHAR A C. Live cell imaging reveals extensive intracellular cytoplasmic conlonization of banana by normally ono-cultivable endophytic bacteria［J］. 2014, AoB PLANTS 6: plt002.

［12］刘云霞, 张青文, 周明. 电镜免疫胶体金定位水稻内生细菌的研究［J］. 农业生物技术学报, 1996, 4(4): 354-358.

［13］高增贵, 庄敬华, 陈捷, 等. 应用免疫胶体金银染色技术定位玉米内生细菌［J］. 植物病理学报, 2005, 35(3): 262-266.

［14］AMANN R I, LUDWIG W, Schleifer K H. Phylogenetic identification and in situ detection of individual microbial cells without cultivation［J］. Microbiology and Molecular Biology Reviews, 1995, 59(1): 143-169

［15］BAIS, H P, FALL, R, VIVANCO, J M Biocontrol of Bacillus subtilis against infection of arabidopsis roots by Pseudomonas syringae is facilitated by biofilm formation and surfactin production［J］.Plant Physiol, 2006, 134: 307-319.

［16］刘云鹏. 根际促生解淀粉芽孢杆菌根际定殖和诱导植物系统抗性的机理研究［D］. 北京：中国农业科学院, 2019.

［17］王博. 阿萨尔亚芽孢杆菌在新疆棉株中的定殖及其微生态效应的研究［D］. 阿拉尔塔里木大学, 2020.

［18］姚骏磊. 多粘类芽孢杆菌生物膜形成机制及定殖研究［D］. 杭州：浙江农林大学, 2019.

［19］岑浴. 多粘类芽孢杆菌在茶叶上的定殖及其对叶际细菌群落的影响［D］. 石家庄：河北科技大学, 2016.

第5章　微生物生物膜

5.1　生物膜概述

细菌在环境中并非是以单细胞形态存在的，通常都是以多细胞聚集成种群的形式存活。尤其是在营养物质较为贫瘠的环境中，多个单个的细菌会聚合在一起，形成一个个细菌微菌落，这样形成的许多细菌与其分泌物组成的功能联合体就叫作生物膜。生物膜中含有大量的水分，可高达97%。在生物膜的组成中，除了包含大量的水分和细菌菌体外，还有一些细菌在生长代谢过程中分泌的胞外蛋白质、核酸、脂类以及多糖等物质。细菌不仅可以在土壤中形成生物膜，在多种环境中，包括玻璃、水管、植物、动物以及牙齿等的表面都可以形成生物膜结构，生物膜的形成有利于细菌群体间的信号交流与合作，增强细菌群体的耐受性，并能够清除掉环境中的有害物质，有利于细菌的生存。细菌之间为了获取更多的能量和营养物质，往往都不会单独存在，而是和其他微生物相互依赖，共同生活。因此绝大部分的微生物都是以形成生物膜的形式存在于自然环境中，而不是单个游离的菌株。生物膜能够帮助细菌抵抗外界恶劣的环境条件，并能够助力细菌增强抵抗力，抵御一些抗生素和病虫害的侵袭，增强细菌的免疫力等。

细菌生物膜在形成过程中形成了多种水道结构，可以向细菌提供营养物质和输送代谢产物。其主要是由细菌分泌的一些多聚糖、蛋白质以及DNA等物质的黏附作用下，和其他固体、液体介质以及其他微生物相结合，进而形成的一种细胞多聚体。在生物膜的保护作用下，细菌可以分泌出信息物质，实现对营养物质以及代谢物质浓度以及微生物群体密度的变化而做出相应反应，来充分利用环境以及宿主中的营养物质以及所需的氧气，从而表现出更强的抗性以及耐受力。生物膜首次被发现是ANTONI等人利用单式显微镜观察到牙齿表面上存在着一个个小的细菌微菌落，细菌为了更好地存活下来，吸收更多的营养物质，通过形成生物膜黏附在牙齿表面，增强了其在牙齿表面的存活能力。1973年，有报道声明细菌不仅能够形成生物膜，且对一些病原菌等具有较强的抗性。后期人们进一步证明了黏附在表面的生物膜实质上是一种多糖类的物质。人们通过进一步的研究阐明了生物膜的一些特征及特性，证明生物膜具有空间立体结构以及异质性。

但在过去的几十年中，人们对生物膜的认识和了解尚且较浅，但微生物和宿主间互相作用的影响较为深远。近年来，随着科技的发展，人们借助高倍镜显微镜探究生物膜复杂而又精细的形成过程和结构特点，发现处于生物膜不同位置的菌株，在基因转录表达以及生长速率等方面都表现出极大的差异性。在一定时期的持续性生长后，处于生物膜外层的细菌能够正常地生长和代谢，但位于内部的细菌在获取营养物质方面表现出困难。因此，位于生物膜位置的不同，菌株生长代谢水平也不同。此外，生物膜具有较强的异质性。生物膜中的一些重要组分，包括水、蛋白质、多糖等大分子物质决定了生物膜的异质性，并对生物膜的功能也发挥着重要的作用。其异质性主要表现为内部一些营养物质、信号分子以及废弃物的浓度呈梯度变化，另外就是生物膜内合成以及代谢蛋白质的能力。

在自然环境中，微生物生物膜的形成是一个动态的过程。如图5-1所示，生物膜在形成过程中主要分为5个不同的阶段。

①起始黏附期。该阶段细菌黏附在固体表面，具有游动性。

②黏附期。细菌能够分泌出胞外多糖（exotracellular polysaccharides，EPS）。黏附着细菌，此时细菌失去了游动性。

③细菌生物膜初始形成，可见微菌落结构。

④细菌生物膜结构进入成熟期，可见立体结构。

⑤生物膜成熟期，进行解离。

在生物膜结构中，不仅包含EPS，还包括大量细菌菌毛。在生物膜成熟期，在生物膜上形成了很多水道结构，以供营养物质输送以及有毒代谢物排出。另外，影响生物膜形成以及功能的因素也有很多，如细菌鞭毛的运动性、胞外聚合物的分泌、群体感应中的信号分子以及生存环境等，都会不同的程度对生物膜产生影响。

细菌黏附期。细菌的黏附期是生物膜形成的起始阶段，该阶段的细菌会受到多种机制的介导，包括菌体自身重力作用、表面电荷作用力、菌体的布朗运动以及物体表面的化学物质的吸引，此外还有细菌表面的蛋白能够和宿主表面的受体发生识别以及结合等，从而细菌会被吸引，黏附在宿主表面。起始阶段细菌对物体表面的接近是依靠分子间的范德华力，后期细菌会通过物理或者化学的作用力，黏附在物体表面。其中细菌分泌的胞外多糖是细菌和物体之间的黏附剂，是作用力的主要构成成分。在细菌的黏附阶段，此时并未形成成熟的生物膜，因此对外界环境抵抗力以及抗生素的耐药性并不是很强。另外，材料表面的性质也会影响细菌的黏附。例如，一些电荷数较低的疏水材料表面能够吸附到更多的营养物质，从而能够增强表面细菌的繁殖能力。另一些表面粗糙的物体，能够增加细菌黏附的表面面积，为微生物提供更安全的生存环境。

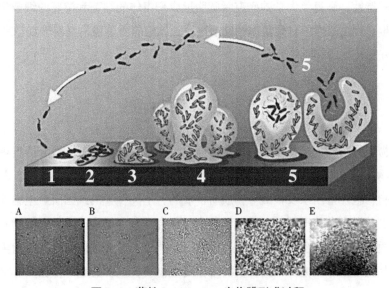

图5-1　菌株*P.aeruginosa*生物膜形成过程

A, B, C, D, E-代表菌株*P.aeruginosa* 5个不同阶段的生长状态

生物膜形成期。当细菌黏附到物体表面后，表面的性质会由均质性变为异质性，通过调节自身基因的表达，分泌出更多的带电荷的基质来吸引更多的细菌发生黏附作用。多个细菌黏附在一起，会形成一个个微菌落，进而会通过自身的新陈代谢，吸引更多的细菌发生聚集，形成更大的细菌聚集体。在黏附的发展期，胞外多糖发挥着关键性作用。阴离子的胞外多糖能够从周围环境中吸附一些带阳性离子的营养物质，供给细菌生长和繁殖。随着营养物质的不断增加，大量微菌落的形成，生物膜也逐渐加厚。在生物膜的组成中，水分以及糖基质占据了生物膜体积的75%~95%，因此生物膜的形成能够保护细胞免于脱水。处于该阶段的细菌为了更加适应新的生存环境，其自身会通过增加遗传交换的频率、增强自身对大分子物质的降解能力，来增强自身对外界抗生素以及紫外线的抵抗能力。

生物膜的成熟期。功能成熟的生物膜包裹着细菌形成了微生态环境。在这个生态系统中，细菌间通过交流与合作来稳定自身的生活环境。成熟期的细胞膜较厚，即使有部分细胞发生了脱落，也可以发生再次黏附继续生长繁殖。生物膜的成熟时间会根据细菌特性的不同而不同。作为细菌先驱的绿脓杆菌，其能够在30 s内黏附在物体表面，形成自身生长代谢所需的生物膜。当然在整个过程中，细菌会根据自身生长所需，或因为外界环境压力的影响发生脱落，随后会重新发生黏附，形成新的生物膜。成熟的生物膜内的细菌能够通过分泌一些信号分子进行相互联系，发挥出更强的特性。马里兰大学的研究者阐明形成聚集体的细菌和游离的细菌相比具有更强的生长代谢活性，且聚集体的细菌接受受体的能力更强，更便于DNA等遗传物质的相互转化。

5.2　生物膜的组成

生物膜的结构是指在细菌初次和界面发生接触后，能够不断地分泌出更多的胞外聚合物，以此来构建更为稳固的生物膜结构。细菌的胞外聚合物一般由胞外多糖、磷脂、胞外蛋白以及核酸等物质所构成的。不同种类的细菌所产生胞外聚合物的种类以及组成也是不同的。霍乱菌的胞外聚合物包含更多的胞外多糖物质，而大肠杆菌的生物膜则是含有更多的蛋白质成分。但是，通常来讲，构成细菌生物膜的主要成分就是胞外多糖。不同种类的细菌的生物膜所包含的胞外多糖具有很大的差异性，具有其独特的功能。利用激光共聚焦荧光显微镜对生物膜的结构进行观测，发现其内部结构是具有高度有序的异质化结构，由许多蘑菇状或者堆积状的一个个微菌落所构成的，中间会排布一些运送养料、酶以及代谢产物的通道。

细菌生物膜具有相对复杂的结构，在形成过程中也受到多种机制的共同调控。在生物膜形成过程中，有多条基因网络参与了生物膜组成物质的代谢。其中两条基因簇和细菌胞外多糖产生具有紧密的相关性。基因簇1中包含了12个相关的基因，基因簇2中包含了6个基因。通过对这些基因进行分析，发现有些基因和核苷酸产糖前体酶是密切相关的，而另外一组基因则是能够调控细菌生和胞外多糖相关的酶，能够参与生物膜形成的基因就被称为生物膜基质簇。细菌在生物膜形成的过程中，会分泌出3种具有不同功能性质的蛋白质。一种蛋白质能够连接细菌，使其成长为更大的细菌聚合体。这种蛋白就像细胞黏附剂，在细胞膜形成过程中发挥折叠支撑作用，为生物膜的形成提供支架，比如糖蛋白，其能够和多个单糖以及脂多糖发生结合，来支撑生物膜的形成。但若是发生在液–空界面所形成的生物膜体系中，这类蛋白质除了为生物膜的形成提供支撑作用外，还能够提供表面张力，帮助生物膜能够稳定地漂浮在界面的表面。细菌在初次和界面发生接触后，就会分泌出该类蛋白。这种蛋白具有较强的疏水性，因此其在液体的界面上，依旧可以发挥其功能，有助于在液体界面生成生物膜的空间结构。但是当位于细胞膜中的细菌发生分裂扩增时，另一类蛋白质能够结合细胞膜表面一些特定的结合位点，为新分裂产生的细胞提供保护外壳。一般的生物膜都是由多种酶和结构蛋白组合在一起，形成的一个组合群体。这类和生物膜空间结构形成有关的蛋白大多数是由细菌通过Ⅱ型分泌系统产生的，通过多重复杂的分泌机制，将一些分泌出的大分子蛋白物质从细胞膜内运输到细胞膜外。研究表明，当细菌缺失Ⅱ型分泌系统的时候，无法进行生物膜的形成。另外一种蛋白对生物膜的构建也发挥着重要的作用，这种蛋白称为外膜囊泡（outer membrane vesicles, OMVs）。外膜囊泡能够通过集中转运这种独特的方式，将一些生物膜构建相关的酶运输到特定的位点，通过收集环境中的营养物质，提高生物膜中细菌的抗逆性。除此之外，外膜囊泡能够通过运输一些特殊物质来稳定生物膜的构建，这些物质通常就是能够和生物膜发生结合的蛋白质、一些群体感应信号分子以及eDNA等。这种运输方式和人体细胞中标记小泡的方式类似。外膜囊泡能够与核生物膜形成相关的几种蛋白发生结合，组成一个聚合体来保护位于细胞膜上的细菌免受外界环境带来的伤害，并能够增强细菌的抗逆性，更好地应对外界环境的改变。生物膜的基质主要包括胞外多糖、蛋白质、DNA等物质。

（1）胞外多糖。细菌在生长代谢过程中能够产生胞外多糖，在胞外多糖作用下，细菌能够黏附在物体表面，形成生物膜结构。最常见的细菌胞外多糖为PGA。大部分的细菌，如大肠杆菌、金黄色葡萄球菌以及鼠疫杆菌等都可以利用PGA进行生物膜的构建。细菌纤维素是生物膜合成过程中一种广泛存在的胞外多糖，其是生物膜基质的重要的组成成分，其合成在某些细菌中主要受到*bcsABZC-bcsEFG*基因的调控。但对K-12这类菌株来讲，纤维素的合成对细菌生物膜的形成影响并不是很大，利用纤维素酶进行处理后，发现生物膜的形成并未受到明显影响。目前人们对铜绿假单胞菌胞外多糖的研究较为深入，作为一种人类致病菌，菌株多定殖于人体肺部。在定殖初期，菌株在人体肺部并非呈黏性的，但随着菌株定殖数量的增加，菌株逐渐转变成黏液状。有人认为菌株转变为黏液型是因为菌株在生长过程中合成了一种海藻酸盐类型的胞外多糖。

（2）蛋白质。在细菌表面存在一种蛋白类的附属物为细菌纤毛。细菌纤毛的合成对生物膜的形成发挥着重要的作用，其可以介导细菌细胞间的以及细胞和基质之间的联系，也可以部分替代胞外多糖的功能。在对铜绿假单胞菌的研究中，通过对一个不能合成纤毛的突变体菌株进行研究，发现其形成的生物膜极为脆弱。Bap蛋白是细菌中和生物膜合成相关蛋白的总称，其最早是在金黄色葡萄球菌中存在的，和生物膜的形成密切相关。Bap蛋白通常含有较大的分子质量，能够在生物膜中和其他类似蛋白发生相互作用，而达到细胞固定的目的。另外，凝集素以及糖结合蛋白在形成生物膜的过程中也发挥着至关重要的作用。凝集素能够和生物膜中的多糖成分以及糖基发生识别并进行结合。铜绿假单胞菌中存在两个凝集素蛋白，分别为LecA和LecB，均参与了生物膜的形成过程。LecA能够识别D-半乳糖以及衍生物，IPTG也和LecA具有较强的亲和能力。而蛋白LecB能够特异性识别L-果糖，可通过和L-果糖配体进行结合，发生相互作用，促进生物膜的形成。

（3）DNA。在生物膜基质组成中，DNA也是生物膜重要的组成部分。研究表明，在向铜绿假单胞菌所在的培养基中加入DNase酶时，结果显示不仅生物膜的形成受到了抑制，对已经形成的生物膜也会产生降解作用。在生物膜的结构中，DNA呈钢索状分布，而细菌则可以沿着DNA进行迁移。细菌胞外的DNA主要来源于裂解后的细胞释放出的DNA。

目前，更多的研究阐明EPS的产生以及生物膜形成的调控是群体感应机制在发挥着重要的作用。群体感应是指当细菌的浓度达到一定的阈值时，会分泌出一系列的信号分子，通过感知细菌浓度的变化，来调节细菌群体的行为，这样的过程称为群体感应。群体感应被认为是生物膜调控的关键机制之一。前人的研究表明细菌的群体感应系统存在着两种信号分子，分别为AI-1和AI-2。信号分子AI-1主要负责细菌种内的信息交流，而AI-2则是控制菌株种间的交流。革兰氏阴性菌和阳性菌群体感应调控机制存在着差异性。对于革兰氏阴性菌来讲，其释放出的信息交流分子为N-乙酰基高丝氨酸内酯（AHL）。在调控过程中，若细菌密度呈增大的趋势，产生的信号分子浓度也会增加，当增加达到一定的阈值后，会激活相关基因的转录表达，进而调控细菌的行为变化。而对于革兰氏阳性菌，细菌种间的信息交流是通过和在膜传感器上面的一个组氨酸激酶受体发生相互作用所进行调控的。在这个信号传递的过程中，会涉及多种磷酸化反应，进而能够对调节子的活性进行调控。而信号肽并没有细胞膜的通透性，所以在调控过程中，是信号肽的输出蛋白介导了信号分子的分泌和释放。

（4）脂质。随着人们对生物膜更深入的研究以及认识，脂质作为生物膜组成中的一部分，其作用也逐渐被人们挖掘出来。研究发现，脂质在生物膜的黏附作用中发挥着重要作用。可以利用生物膜中含有的脂质组分携带一些具有抗菌剂的纳米药物，应用于病原菌感染的患者治疗中。

5.3　生物膜的研究方法

生物膜在微生物与植物互作中扮演着重要的作用。目前，通过在实验室建立模拟生物膜的模型来探究生物膜形成过程以及调控机制。目前常见的模型主要为流式细胞技术、细胞板静置技术、气-液交界静置培养技术、固体琼脂平板培养技术以及染色方法等。

流式细胞技术即是利用流式细胞仪系统，细胞在培养室中浸没，通过对培养液进行不断地更新，从而能够在介质上形成细菌生物膜，随后可以利用显微镜对生物膜的结构和形态进行观察。利用流式细胞技术观察细菌生物膜的形成以及结构较为简单，但是难以实现通过高通量的方法对突变体菌株进行筛选工作。最早是应用流式法对生物膜进行研究。流式法是指细菌在动态流动的情况下进行生物膜的形成。在这个过程中，首先是密度适度的菌体通过观察室的玻片，充分吸附菌体，再利用流动泵的作用力，推动培养基以一定的流速经过玻片，在培养基经过玻片一段时间后，能够在玻片上进行生物膜的形成。培养基在流动泵的作用下，利用剪切力作用于生长中的生物膜，在生物膜生长以及发育过程中都发挥着关键性的作用。另外，人们可以借助光学显微镜，在不破坏生物膜完整性的情况下，对生物膜的生长情况进行测定。流式法观察生物膜的方法中所形成生物膜的量相对较少，若是想得到大量的生物膜，可以在硅胶管中进行生物膜的形成。利用流式法可以收集细菌生物膜在形成过程中的一些详细信息，包括细菌如何对外界物质进行吸附、生物膜的结构是如何建立的、微菌落是如何形成的等。此外，人们还可以利用该方法进行多菌株生物膜结构的研究。

细胞板静置技术是通过将细菌置于细胞培养版中静置培养，形成生物膜。这种方法可以利用高通量技术对多种细菌样本所形成的生物膜差异进行比较，较为适用于对一些和细菌生物膜形成有关的基因突变体筛选的工作。用于培养生物膜的微孔板通常是96孔板，主要是探究生物膜在非生物表面形成的过程。微孔板法主要是将细菌或者真菌进行适度稀释，后置于适宜的温度条件下进行静置培养，此时在孔板的孔壁上就会形成生物膜的结构。根据菌株对氧气的需求，形成生物膜的特性也不同，好氧的细菌形成的生物膜会倾向于气-液交界面的位置，而厌氧的菌株则更趋向于孔的底部。因此，人们可以用孔板法对细菌或者真菌的生物膜进行培养以及探究。微孔板法因具有操作方便、简单高效的特点得到了生物膜研究者们的广泛青睐，且该方法具有广谱性，能够同时对多种菌株形成的生物膜进行研究，还可以用来对一些缺失表面吸附剂基因的突变体菌株进行筛选，建立具有不同吸附特性以及吸附能力的突变体菌种库。但值得注意的是，微孔板法并非是直接鉴定生物膜的方法，往往需要和其他方法协同配合，共同确定试验结论，例如，可以通过和光学显微镜进行结合，观察生物膜染色后的结果。

气－液交界静置培养技术是将细菌静置培养于试管或烧杯中，通过观察气－液交界处所形成的生物膜来研究生物膜形成的过程以及结构特点。该方法不仅有利于对生物膜相关的基因突变体菌株进行筛选，且对于生物膜的观察更为直观。另外，也可以利用观察固体琼脂平板中的菌株形态以及结构来探究细菌生物膜形成能力。

染色法是利用细菌的生物膜能够和一些染料发生结合的特性，然后对结合后的染料进行洗脱，从而可以实现对生物膜中的细菌菌体进行定量检测。目前常用的染料是结晶紫。首先是使用0.1%结晶紫染液对生物膜进行染色，静置半个小时后，利用无菌水将未和生物膜发生结合的染料洗干净，再用体积比为4∶1的乙醇－丙酮溶液对黏附在生物膜上面的结晶紫进行冲洗。混匀后，进行梯度稀释，最后利用酶标仪测定每个样品在570 nm处的吸光值，实现对细菌生物膜的定量检测。

菌体计数法也可以实现对细菌生物膜中的菌体数量进行定量检测。在生物膜形成后，可以利用某些机械的方法将黏附在固体表面的生物膜冲洗下来，然后对冲洗下来的样品进行菌落计数，从而实现对生物膜中包含的菌体进行定量测定。

平板法是指细菌在固体培养基上以半透膜生长的方式形成的生物膜，细胞可以通过半透膜获取固体培养基中的水分。和液体培养生物膜的方法相比，固体平板法培养的生物膜一旦形成，难以发生细菌的分离以及转移。受制于空间和系统稳定性的限制，细菌生物膜对细胞而言，更多的是发挥抗生素耐药性的功能。固体平板法更适用于研究在不同环境因素下生物膜对细胞的反应情况。

目前，有一些成熟的技术和方法用来了解模拟生物膜的形成。常用的是激光共聚焦显微镜来观察标记菌株所形成的生物膜以及生物膜内部的结构特征，也可以利用原子力显微镜来观察细菌群体生物膜的空间分布的动力学变化。另外可以利用低温扫描电镜增进对生物膜矩阵结构的认识和了解。

激光共聚焦荧光显微镜（CLSM）作为光学显微镜历史上的一项重大突破性成

果，在普通光学显微镜的基础上，在成像系统中增加了激光扫描装置，再利用计算机对图像进行处理，提高了样品的光学成像分辨率。激光共聚焦荧光显微镜能够实现对较厚样品进行无损伤检测，通过对其三维成像进行组合，进而可以得到样品的三维结构图像。利用CLSM的图像处理软件，不仅可以得到生物膜的三维立体的视图，还可以利用它的计算软件将生物膜三维图像进行数据化，从而可以实现对生物膜的结构进行定量检测，如可任意计算微生物生物膜的厚度、比表面积以及生物量、均一性等参数。和传统的电镜相比，利用共聚焦荧光显微镜研究生物膜不需要经过样品破碎、固定等预处理环节，保护了生物膜内微生物之间的完整性结构，且激光共聚焦检测的方法不需要对生物膜样品进行冷冻，可以实时对生物膜的结构和形态进行观察检测，更能反映出不同阶段生物膜的形态特征。因此，共聚焦荧光显微镜对生物膜的研究是不可替代的手段。另外，人们也可以利用荧光标记的方法对生物膜中的细胞基质进行观察检测，对各个组分在生物膜中的分布以及含量进行观察和测定。

　　原子力显微镜是用来对一些固体材料（包括绝缘体材料）的表面结构进行分析检测的仪器。检测原理是样品的表面能够和微型力敏感元件中的一个微弱原子发生相互作用，通过检测这个相互作用力来探究检测样品的表面性质以及结构特征。在检测时，将微弱力敏感的一端进行固定，再利用另外一端微小的针尖接近样品。这时，微弱力敏感元件中的微弱电子就可以和样品表面发生相互作用，这个作用力能够使微悬臂发生形变，进而可以检测出样品的表面结构特征。

　　傅里叶变换红外光谱技术主要应用于细胞表面吸附过程的研究。利用原位观察的方法对生物膜样品中一些基团的信息进行表征分析。在生物膜形成过程中的不同阶段，利用傅里叶红外光谱仪（FT-IR）对不同时期生物膜官能团的变化进行探究，揭示生物膜的组成以及形成过程中的变化情况。有人利用衰减全反射红外光谱（ATR-FT-IR）技术对菌株生物膜的形成过程进行研究，结果发现，在生物膜结构形成的过程中，细胞能够分泌出一种胞外聚合物，能够助力于细胞之间的黏附作用，利于生物膜的形成以及稳定。后期人们又利用该方法探究甲苯对形成生物膜的影响，结果表明甲苯浓度越高，生物膜中羧基含量也越多，进而提高了生物膜吸附重金属离子的能力。另外有人还利用该技术探究了EPS对针铁矿吸附过程中的作用机制，研究表明在吸附过程中，基团酰胺Ⅰ以及酰胺Ⅱ的吸收峰逐渐移向了高频的方向，即在这个吸附过程中，EPS中所包含的蛋白质的构象发生了变化，吸附时有P—O—Fe键的形成，因此可以推断出磷酸基团也参与了EPS对针铁矿的吸附过程。

目前，除了上述所述的方法应用于生物膜结构形成的研究中外，还可以利用扫描电镜（SEM）、透射电镜（TEM）、X射线吸收光谱（XAS）、等温滴定微量热（ITC）以及石英晶体微天平（QCM-D）等方法和技术对生物膜形成的过程进行观察和表征分析，以更加清晰地阐明生物膜的调控机制。

5.4　生物膜中胞外聚合物的研究

微生物的生物膜主要是由微生物细胞、胞外基质等成分组成的。EPS是胞外聚合物的主要活性成分，主要是细菌在生长过程中分泌到细胞外的多聚糖类大分子物质，或者是通过自身对外界环境中的物质进行吸附得到的，主要包含多糖、蛋白质、脂质以及核酸等物质。通常，细菌所产生的胞外多糖含量占据了胞外聚合物的50%。其比例也会根据菌株种类、环境温度、湿度、pH以及营养成分的不同而不同。在生物膜的生长过程中，涉及微生物、有机以及无机分子结合在一起，附着在固体物质表面，再由所分泌出的EPS对其进行固定，形成稳定的生物膜结构。现在主要集中于对EPS调控机制研究、细胞膜的富集以及微生物群体感应调控机制等方面的研究。在群体感应信号调控过程中，涉及一系列化学物质的分泌、感应以及检测，进而对微生物的形态以及生长方式进行调控。微生物群体感应调控中，主要存在两种调控机制：一种为细菌种间的信号交流，另一种为种内信号交流。不同种类细菌所产生群体感应机制也具有差异性。例如，革兰氏阴性菌能够分泌出$N-$内酰基高丝氨酸内酯作为群体感应分子，控制生物膜中细菌的浓度。当信号分子浓度达到一定的阈值后，激活相关基因的表达。而革兰氏阳性菌则是以寡肽作为信号分子进行细胞内的交流。肽类物质难以通过细胞膜屏障，因此只能和体内的蛋白质受体进行相互作用，以此达到交流的目的。

生物膜中的EPS组分在生物膜的功能发挥中占据着重要的作用。例如，EPS具有絮凝环境中重金属离子的活性，能够有助于细菌生物膜对污染物的降解以及提高菌株对重金属离子吸附效率的作用。关于EPS对金属氧化物的溶解机制，人们进行了大量研究，研究认为电子隧穿效应减弱了铁离子和胞外聚合物的络合，Fe的化合物结构不稳定，导致Fe^{2+}和EPS发生吸附作用，完成金属氧化物的还原反应。另有研究结果证实，环境中营养物质的缺乏会引起EPS含量的增加，生物膜疏水性的升高有助于固体表面吸附作用的进行，更加有助于对有机物的捕获。

5.5　生物膜形成的调控

细菌生物膜在形成过程中并非是由单一因素影响的，而是由多个因素共同调控的。例如，菌株生长速度、信号分子的种类和数量、EPS的种类和数量以及细菌所处的外界环境等都会对生物膜的形成以及结构带来影响。流体剪切也会影响生物膜的形成，流体剪切强度的不同不仅会影响生物膜形成的结构，对生物膜的密度以及形成的强度等都会有一定程度的影响。另有实验证明营养物质也会影响细胞膜的形成，细胞聚合体周围的一些通道集群可以通过增加细菌的氧气以及营养物质供给来调控生物膜的形成。

在生物膜的调控作用机制中，多种因素可以促进和遏制细胞膜DNA、分子信号以及代谢物的生成。通常来讲，在细菌形成生物膜的过程中，有3种以上相互作用的途径来调控生物膜的形成以及结构。

第一种调控系统为通过对一些受体的信号分子来对生物膜基质的产生进行调控。当细菌的整个菌群参与到生物膜的形成的时候，能够诱发细菌的群体感应反应，分泌出一些信号分子来对菌群的生理特征及变化进行协调和调控。在建立一个稳定的生物膜过程中，细菌菌群需要消耗大量的能量，对外界环境的变化也会作出不同的反应。在群体感应调控系统中，可以通过激活一些酶和小RNA对生物膜的形成进行调控。关键蛋白、关键分子以及特定的核苷酸等共同参与系统的调控作用，来控制细菌鞭毛和游动的速度，进而调控生物膜的形成。

第二种调控系统是由两个组成不同的生物膜调控系统。一种为酶感应系统，其可以和硫酸化在内的多种分子发生结合，来激活生物膜DNA的调控网络。这种调控方式不仅可以通过对生物膜调控基因进行改变，来调控下游一些蛋白质的生成，还可以通过在生物膜形成的不同阶段，通过对基质结构以及毒素进行调节来调整生物膜中的细菌细胞。另一种和其相对应的正调控系统。这两个系统协同作用，共同调控生物膜的形成。

第三种调控系统为生物膜的负调控技术，主要用于调控生物膜的平衡性和稳定性。在生物膜衰老阶段时，该系统活跃度增加，用于抑制生物膜的过度增长，从而来维持生物膜的稳定性。在该调控系统作用下，能够通过各种小RNA来控制生物膜的不同的基因领域，促进或抑制生物膜的形成。

此外，植物根系的分泌物也会影响生物膜的形成。当叶片被丁香假单胞菌 *Pst* DC3000感染后，能够分泌出L–苹果酸，其可以影响细菌生物膜的形成。更有研究表明当黄瓜植株被尖孢镰刀菌感染后，根系周围柠檬酸和延胡索酸的含量都明显升高，PGPR菌株在黄瓜根际定殖数量也显著提升。另外，一些色氨酸和棉籽糖在微生物定殖以及生物膜形成中也发挥着积极的作用，但其具体的分子机制尚不清楚。

在生物膜形成的过程中，受到多个外界环境条件的影响。不同的环境因素达到一定阈值时，会激活形成生物膜的信号而促进生物膜的形成。碳源种类的不同也会影响生物膜的形成。例如，当菌株的碳源是以蔗糖为主时，经过酶解会产生果聚糖以及葡聚糖，进而形成较为紧密的生物膜结构。后期人们通过试验证实，形成生物膜的细胞和游离细胞中碳的代谢途径存在显著差异性，以此说明碳源的代谢在生物膜形成过程中发挥着重要的调控作用。氮源也是微生物生长过程中必需的一种营养物质。研究表明，当菌株生长环境中缺少氮源时，芽孢杆菌的生长速度会放缓，但对生物膜的形成却能够起到促进作用。但对于别的菌株，可能会对生物膜的形成带来抑制的效果。因此来看，细菌能够通过调节自身代谢从外界获取氮源以适应缺乏氮源的环境。

外界环境条件对生物膜形成的影响。除氮源、碳源影响生物膜形成之外，环境条件也能影响生物膜的形成。例如，当溶液中氯化钠浓度升高时，菌株生长速度减缓，而生物膜的形成能力得到了加强。在高浓度氯化钠的条件下，温度越高，生物膜形成的能力越强。生物膜经过低温处理后，黏附能力显著增强，所分泌的黏液也显著增多。另外，氧气也是影响生物膜形成的重要的一个因素，厌氧的条件，会抑制生物膜的形成，

群体感应。细菌在生长过程中，能够感受以及分泌出一些特定的信号分子物质，对细菌的生理活动进行调控。在微生物生长以及繁殖过程中，细菌能够分泌出一系列信号分子，随着细菌的增加，信号分子的浓度也在逐渐增加，当信号分子的浓度达到一定阈值后，会激起相关基因的表达，进而对生物膜的形成进行调控。研究指出AI-2是革兰氏阴性菌以及革兰氏阳性菌重要的群体感应信号分子，对不同种类的细菌生物膜影响也不一样。例如，在菌株 *B. subtilis* 添加 AI-2，能够有助于生物膜的成熟化以及形态化。但向菌株 *B. cereus* 中加入 AI-2，却对生物膜的形成以及扩散带来抑制的效果。

5.6　生物膜的功能

生物膜能够在不同的环境下形成，且具有相似的特性。那细菌形成生物膜，有

什么样的好处呢？又是什么样的力量驱动大部分的细菌都要形成生物膜结构呢？这是一直困扰着研究工作者的问题。有一种说法是细菌为了维持内部环境的稳定性，因此要形成生物膜来促进细胞的聚集，增强其定殖能力。其次，当细菌聚集在一起形成生物膜后，能够对细菌形成一层保护膜，保护细菌免受紫外线、毒性、干旱以及金属离子等不利外界环境的影响，提高菌株抗逆性。生物膜作为细胞的堡垒，保护细胞免受外界环境的影响。生物膜能够供给细胞充足的养分以及稳定的基质。

当细菌形成生物膜后，表现出对外界环境具有较低的敏感度，以及具有更强的抗逆性。研究表明，在细菌菌落形成生物膜后，对干燥、不适的酸碱度、营养物质贫瘠、毒性以及抗生素等恶劣的生存环境具有更强的耐受性。有报道对混菌生物膜以及游离的单个的乳酸菌同时在高温以及强酸的条件下进行发酵培养，结果显示形成了生物膜的混菌菌落和游离的细菌相比，具有更高的存活率，因此表明，当细菌群落形成了生物膜后，能够显著增强细菌对外界环境的抗逆性。对该现象的机理，很多科学家进行了大量的研究，主要的原因归结为以下13点。

5.6.1 药物渗透障碍

细菌群落在形成生物膜后，自身会分泌出多种黏性物质，和高密度的菌体组合在一起形成了一道天然的屏障，保护菌体免受外来物质的侵害。组成细菌生物膜的大部分是多糖和蛋白质等大分子物质，其能够和抗生素分子发生结合，而阻止抗生素进一步向细菌细胞内部渗透。因此，在细菌群落形成生物膜后，抗生素向细菌内部渗透的速度是缓慢的，会激发细胞内部应激反应来抵抗抗生素的入侵。

5.6.2 群体感应

当细菌密度达到了一定的程度时，会分泌出小分子的群体感应信号，调节细菌群体的基因表达，激发细菌的群体感应。群体感应反应在生物膜形成中主要参与外排泵的调节。

5.6.3 基因型的变化

当单个游离的菌体聚集在一起，相互黏附形成微菌落后，为了适应新的生活环境，菌株的一些基因会被激活，发生上调或下调的变化，来减少外界环境变化给菌株带来的影响。

5.6.4 分泌抗生素水解酶

部分细菌能够分泌出抗生素水解酶，能将抗生素水解进而失去作用。其中效果最为显著的为 β-内酰胺酶。

5.6.5 细胞的缓慢生长以及应激反应

当细菌形成生物膜后，若处于营养较为贫瘠的环境中，细胞代谢会减缓。细胞代谢越慢，对抗生素的耐药性就越强。研究表明，这种现象主要是由 σ 因子以及 $RpoS$ 进行调控的。

5.6.6 排出抗生素

大多数的细菌在生长代谢过程中能够产生抗生素外排泵，当抗生素穿过细胞外膜层时，其能及时地将抗生素排出细胞，避免了抗生素对细菌带来的抑制作用，从而细菌能够在抗生素存在的条件下正常生长。

5.6.7 基因转移

在细菌生物膜形成过程中，细菌的DNA可以通过结合以及转化的作用方式进行遗传物质的交换，这将有助于细菌对外界恶劣环境的抵抗作用，对生物膜所在的环境稳定性起到一定程度的促进作用。

5.6.8 异质性

在生物膜中，细胞位于不同位置，其所发生的代谢活动也是不同的。当抗生素入侵细胞时，会产生不同的应激反应，来抵抗外界物质带来的损害。

5.6.9 在细菌致病性中的作用

细菌形成生物膜后，抗逆性增强之外，其在细菌致病性防控方面也表现出优异的性能。但是在不同的位置，其作用方式也不尽相同。研究报道，在人体中，一些病原菌也能够产生生物膜，能够抵抗抗生素的侵害，而长期潜伏于人体肺部组织中。在牙齿中，细菌亦可以形成生物膜，如极为常见的牙斑，来躲避一些流体对其的冲刷。

5.6.10 增强细菌生防能力

一些生防菌在植物根际或叶际定殖时，其可以发生聚集，形成细菌生物膜，不仅能够增强细菌群落对外界环境的抗逆性，还能增强其生防以及促生的功能。在这方面研究最多的是为芽孢杆菌。在枯草芽孢杆菌对丁香假单胞菌生防作用试验中，通过构建生物膜合成基因的突变体菌株，结果发现突变体的菌株生防作用效果急剧降低，以此来看，生物膜的形成对生防菌株发挥生防作用起着重要的作用。另有HAGGAG等人发现多黏类芽孢杆菌在发挥其生防作用的过程中，首先会在花生根部形成一层生物膜，其作为生防菌以及宿主植物的屏障，来阻挡病原菌对植物根部组织的侵害，以达到防控真菌病害的目的。

5.6.11 获取营养物质

生物膜因其独特的基质结构能够吸收水相以及基底的水分以及营养物质，对细菌间营养物质、气体以及信号分子之间的交流具有重要的影响作用。在生物膜结构中，越靠近吸附的基底，生物膜中所含有的营养物质就越丰富。在生物膜对营养成分吸附的过程中，在生物膜的不同结构中包含了多个吸附位点，生物膜可以利用这些吸附位点对营养物质进行吸附和捕获，以供给细胞生长和繁殖。但生物膜对外界营养物质的吸附不具备特异性识别，通常也会吸附一些有害物质进入细胞，例如，赤霉素、乙酰氨基酚、罗红霉素以及一些酸性药物等物质，对细胞的生长带来不利的影响。在这个过程中，若是细胞无法吸收或降解细胞膜所吸附捕获的营养物质或有害物质，则这些物质会在养分浓度差以及生物膜的共同作用下，排出到外界环境中。当生物膜内部分细菌的细胞发生衰老死亡或裂解后，留在细胞膜内的残体可以作为营养物质供给其他细胞生长。细胞在溶解后，DNA能够提供丰富的碳源、磷源以及能量等，因此生物膜也是一种具有高效循环的生态系统。另外，外界环境中的铁离子、钙离子以及锰离子等生物体生长所必需的金属元素，能够和生物膜EPS结构中的羧基发生相互作用，进入生物膜内，加强了生物膜的稳定性。但若是采用阴离子树脂对生物膜进行处理，会减弱EPS中羧基和金属离子的相互作用力，进而降低细胞的溶解效率。

5.6.12 胞外代谢系统

生物膜中的细胞不仅可以获得外界环境中的营养物质，还能够获得膜内细胞所分泌出的各种降解酶。这些酶能够和多糖发生相互作用，在细胞膜内累积。生物膜内分泌出的酶除了供自身细胞摄取外，也可以被其他细胞所吸收和利用。例如，在可水解以及不可水解蛋白铜绿假单胞菌共同形成的生物膜结构中，可水解菌株能够分泌出一种降解酶，能够对两种菌株所产生的蛋白质进行降解。

5.6.13　获取新的遗传物质

研究发现，生物膜中细胞基因转移的水平显著高于游离的细胞。高细胞密度以及高强度的遗传能力是生物膜内遗传物质实现基因水平转移以及获取抗性基因较为理想的条件。生物膜基质是基因转移的前提条件，其不仅能够为细胞间的信号交流提供一个较为稳定的内部环境，还可以包裹死亡细胞释放出来的DNA物质，因此生物膜也是eDNA的重要来源之一。研究表明，质粒的接合转移是生物膜遗传因子转移的主要机制。例如，在由两种及两种以上菌株形成的生物膜结构中，通常情况下，若含有携带抗性基因的质粒，则易发生质粒的转移以及丢失。通过对金黄色葡萄球菌的研究表明，质粒的接合转移仅仅在已经形成生物膜结构的细胞中发生，而对于游离的细胞，发生的概率极低。因此，该结果证明生物膜的一些特性或者一些活动难以在游离的细胞中发生。

参考文献

［1］张楠. 根际有益芽孢杆菌N11及SQR9与植物根系的互作研究［D］.南京：南京农业大学，2012.

［2］MORIKAWA M. Beneficial biofilm formation by industrial bacteria *Bacillus subtilis* a species［J］.Journal of Bioscience and Bioengineering, 2006, 101: 1-8.

［3］BRANDA S S, CHU F,KEARNS DB, LOSICK R, KOLTER R. A major protein component of the *Bacilus subtilis* biofilm matrix［J］. Molecular Microbiology, 2006, 59: 1229-1238.

［4］姚骏磊. 多粘类芽孢杆菌生物膜形成机制及定殖研究［D］.杭州：浙江农林大学，2019.

［5］HIBYN. A personal history of research on microbial biofilms and biofilm infections［J］. Pathogensand Disease. 2014, 70: 205-211.

［6］MULCAHY L R, ISABELLA V M, LEWIS K. Pseudomonas Aeruginosa Biofilms in Disease［J］. Microbial Ecology, 2013, 68(1): 1-12.

［7］HAGGAG W M. Colonization of exopolysaccharide-producing *Paenibacillus polymyxa* on peanut roots for enhancing resistance against crown rot disease［J］. African Journal of Biotechnology, 2007, 6: (13).

［8］姜鹏. QY101 胞外多糖的分离纯化及抗细菌生物被膜活性研究［D］.青岛：中国海洋大学, 2011.

［9］梁宏. OmpR-LrhA 渗透压响应信号系统反向调控骆驼刺泛菌生物膜和运动性的机制研究［D］.杨凌：西北农林科技大学, 2019.

［10］孙和临. 环境参数对MEC 阳极生物膜形成影响及EPS特性研究［D］.昆明：云南师范大学, 2019.

［11］马文婷.土壤矿物介导下细菌生物膜形成过程及机制［D］.武汉：华中农业大学, 2017.

第6章　胞外多糖研究现状

多糖是由两个或两个以上的单糖通过糖苷键聚合而成的高分子物质。其在植物、动物以及微生物的细胞壁以及生物膜中广泛存在。其与蛋白质、核酸、脂类共同构成了生命体的四大基本物质，参与动、植物以及微生物细胞的各项生理代谢活动。根据多糖的来源，可将多糖分为植物多糖、动物多糖以及微生物多糖。微生物多糖指的是细菌、真菌以及蓝藻等微生物在生长代谢过程中，所产生的一种多聚糖。

近年来，细菌多糖的应用范围越来越广泛。细菌多糖通常是由细菌在高碳氮比的培养基生长、代谢过程中分泌到环境中的一种代谢物。根据多糖的存在位置，可将多糖分为胞内多糖（intercellular polysaccharide, IPS）、胞外多糖（exopolysaccharides，EPS）以及荚膜多糖（capsular polysaccharides，CPS）三种。胞内多糖的存在形式一般都是以糖原为主，如以细胞能源储存形式存在的淀粉。荚膜多糖也称为胞壁多糖，其一般是由蛋白质和脂类组成的混合物，主要用于维持细胞形态的稳定性，包括一些脂多糖、磷酸壁以及肽聚糖等物质。通常来讲，胞内多糖和胞壁多糖的结构和性能相对稳定，而胞外多糖的变化较大，因此有关胞外多糖的研究也较多。细菌和真菌产生的胞外多糖生产周期较短，特别是细菌胞外多糖，不受地理环境和气候的影响，在生长代谢中可以进行人工的控制，也可以利用一些再生物质作为其生长代谢的底物进行大量的生产。再加上微生物的胞外多糖大多数无毒、对环境无污染且具有较高的稳定性和可降解等优良的性能，其可以作为增稠剂、悬浮剂、稳定剂、润滑剂以及乳化剂等，在食品、化工以及农业等领域都得到了大范围的应用。另有一些细菌多糖在植物病虫害诱导防控方面也取得了较好的试验效果。同时，有些细菌的胞外多糖具有抗菌以及抗肿瘤的特性，能够促进免疫调节，被作为新药物应用于医学领域。近年来随着科学技术的发展、测序技术的普及，人们通过对胞外多糖产生菌株进行全基因组的测序，发现了大量和胞外多糖合成有关的基因，可以在基因水平上，通过激活或抑制和胞外多糖相关的基因来增加或抑制胞外多糖的产生，从而实现对胞外多糖产出的调控。同时，人们也可以对多糖的结构进行修饰，利用细菌产出人们需要的特定活性和价值的多糖，更好地满足需求。

6.1 胞外多糖的定义及分类

微生物多糖按照其在微生物中存在位置可分为胞外多糖（exopolysaccharides，EPS），荚膜多糖（capsular polysaccharides，CPS）和脂多糖（lipo polysaccharides，LPS）三种。荚膜多糖和脂多糖由于其提取开发难度大，品种较少，相关研究较少，而EPS位于细胞外，含量较高，研究较为广泛。微生物胞外多糖（EPS），作为微生物胞外聚合物，由微生物分泌到环境中，其能够提供对微生物有用的特性和功能。根据其单糖种类，胞外多糖又可分为同型多糖（homopolysaccharides，HoPS）和异型多糖（heteropolysaccharides，HePS）。同型多糖由一种单糖组成，如葡聚糖、淀粉以及纤维素等。异型多糖通常是由两个或两个以上不同的单糖连接，形成规则的重复单元，如琼脂、黄原胶等。目前，常见的组成多糖的单糖主要为葡萄糖、甘露糖、鼠李糖、半乳糖、半乳糖醛酸以及葡萄糖糖醛酸等，有的微生物胞外多糖还含有木糖。关于胞外多糖的结构，通常都是有一个主链以及一个或多个支链构成的。有些细菌多糖还含有多种非糖的修饰基团，一般以氨基酸或酰化、酯化的形式存在。目前，胞外多糖的报道主要集中于发酵条件优化、结构鉴定以及物理、化学及生物特性等方面的研究。由于不同微生物多糖结构特异性，其可以作为微生物间及其与宿主互作的媒介，比如通过细菌间信号传导、信号分子识别、形成生物膜来保护微生物定殖及抵抗外界压力。微生物胞外多糖，由于其无毒，且具有控制细胞增殖、分化、代谢以及免疫调节等活性，引起了人们的广泛关注。

微生物的胞外多糖大都具有较高的水溶性，且多糖本身通常会含有9%的水分。研究表明，在自然条件下，细菌表面通常被一层厚厚的、连续性的且具有高度有序的胞外多糖包围，该结构会对细胞摄取大分子物质以及一些离子带来一定程度的影响。随着人们对其进行研究，发现附着在细胞表面的胞外多糖的结构主要有5种，分别为氨基糖、中性己糖、6-脱氧己糖、多元醇以及糖醛酸等单元。不同种属的菌株，其产生胞外多糖的种类以及特性具有较大的差异性，即使是同一株菌株，其也可以产生多种胞外多糖。随着其发酵条件的改变，其产生多糖的结构会发生微小的变化。

6.2　胞外多糖的生物活性

胞外多糖作为细菌的保护外壳，可以保护细胞免受表面活性物质、毒素、噬菌体、抗生素以及抗体对细胞的吞噬作用，对细胞在环境中的存活以及生长都发挥着重要的作用。近年来，随着人们对活性多糖更多功能认知的增加，越来越多的研究工作的投入，越来越多的活性多糖被开发挖掘出来。在过去的几十年中，人们一直使用化学药剂杀死病原菌，但在长期的使用中存在一些问题，一方面是长期使用诱发了病原菌的抗药性的增加；另一方面，化学药物的服用，对人体会产生不可逆转的副作用，降低人体免疫力。因此，人们急需寻找一种生物活性物质来替代传统的化学药物。而微生物多糖作为一种无毒且高效的活性物质，一方面可以抑制病原菌的生长，另一方面能够增强人体免疫力，从而达到更好地防病的目的。因此，越来越多的研究集中于活性多糖成分的开发。

在细菌胞外多糖的研究中，乳酸菌胞外多糖的研究较多。研究报道称乳酸菌的胞外多糖不仅具有免疫激活的功能，在抗肿瘤活性方面也发挥着巨大的作用。胞外多糖中的磷酸基团在抗病方面起着关键的作用。1996年，开发了一种右旋糖酐的胞外多糖，该胞外多糖由肠膜明串珠菌所产生的，是美国工业生产的代表性菌株，也是美国食品和药物管理局第一个批准的可以应用于食品行业的微生物胞外多糖。我国科学家顾笑梅从耐久肠球菌中提取到了一种胞外多糖EPS-1，通过在小鼠体内使用该多糖研究抗荷肉瘤的作用，结果表明该多糖不仅能够增强小鼠免疫力，体外试验证明其对小鼠的免疫细胞具有高效的调节作用。此外，湿润黄杆菌以及海洋弧菌属所产生的胞外多糖对肿瘤均具有明显的抑制效果。2006年，黄晓波筛选到了一种植物共生菌，其发酵产生的胞外多糖能够显著增强小鼠的免疫特性，其作为药物的应用具有广阔的开发前景。

6.2.1　抗氧化活性

大部分的微生物多糖，尤其是乳酸菌胞外多糖在体内以及体外都具有抗氧化的活性。微生物胞外多糖的施用，可以激活机体抗氧化酶的酶活，丙二醛的含量也显著降低，进而增加植株抗氧化的活性。XU等人通过分离、纯化得到了双歧杆菌种两个胞外多糖组分，经过试验探究，对O_2^-以及OH^-自由基均具有较强的清除能力。微生物胞外多糖抗氧化活性除了与菌株种类有关外，还和多糖分子质量的大小、单糖种类以及糖苷键连接方式有关。另外，通过一定的方法对胞外多糖进行修饰后，也能增强多糖的抗氧化活性。韩国的科学家分离得到了一种海洋放线菌胞外多糖，该多糖对DPPH自由基具有较强的清除能力。除此之外，还能够清除一些超氧化物以及具有和金属进行螯合作用、发挥出其活性功能的作用。因此，微生物胞外多糖作为一种天然的抗氧化剂，其未来在食品、人类健康以及医疗等方面将会发挥出更大的作用。

6.2.2 免疫调节作用

某些微生物胞外多糖具有能够调节植株免疫特性。一方面，胞外多糖能够激活巨噬细胞以及NK细胞，诱导细胞分泌出大量的活性因子。另一方面，胞外多糖能够诱导T淋巴细胞产生一系列淋巴因子，诱导抗体的产生。

6.2.3 抗肿瘤活性

乳酸菌以及一些微生物胞外多糖还具有抗肿瘤的活性。微生物胞外多糖对肿瘤的抑制作用主要是通过以下调控途径：一是抑制肿瘤细胞复制和增殖。例如，乳杆菌的胞外多糖对乳腺癌细胞具有显著的抑制效果。二是诱导肿瘤细胞发生凋亡。部分乳杆菌的胞外多糖能够对宫颈癌细胞的凋亡起到诱导作用，促进生成一系列的细胞因子，达到抗炎的目的。三是增强宿主免疫活性。另外，胞外多糖的分子质量以及结构也会影响胞外多糖的抗肿瘤效果。

6.2.4 吸附重金属离子

微生物胞外多糖一般是带有负电荷的大分子物质，含有能吸附重金属离子的羟基、羧基以及硫酸基。乳杆菌70810的胞外多糖对重金属离子Pb^{2+}具有显著的吸附效果，且吸附量会随着多糖浓度的增加呈现先增加后降低的趋势。其中，羧基对重金属离子的吸附发挥着关键性的作用。

6.2.5 诱导植物抗逆性

目前，对于微生物胞外多糖诱导植物抗逆性的研究还处于刚起步阶段，主要集中于对植物抗旱以及诱导抗病性等方面。例如，一些乳酸菌的胞外多糖或芽孢杆菌的胞外多糖能够作为一种激发子，诱导植物产生免疫防御反应，抵抗病原菌的侵染。在免疫防御过程中，会引起一系列抗病基因的表达上调以及一些和抗病相关的酶活以及代谢产物的变化，如积累更多的营养物质，改善植物细胞膜通透性以及抗氧化酶活性提高等。但目前对胞外多糖诱导抗病机制仍需进一步深入研究，为胞外多糖作为新型生物农药提供更可靠的理论依据。

黏性以及流变学特性：微生物的胞外多糖含有多个重复的单糖单元，具有较高的黏度以及流变性。这可能和胞外多糖含有较多羟基以及聚合的结果相关。胞外多糖分子结构中碳水化合物之间相互聚合，因此造就了其具有较好的刚性。胞外多糖中存在着大量的羟基基团，基团之间的分子作用力决定了多糖具有较好的黏性以及流变性。例如，土壤杆菌产生的胞外多糖在55℃以下都可以表现出优异的黏度特性。pH为6.0~12.0之间，多糖的黏度不受影响，因此可在食品行业中用作增稠剂。2007年，李晶等人对芽孢杆菌胞外多糖进行分析，结果表明该胞外多糖具有较好的耐盐性，能够在多种盐溶液中保持较好的黏度。因此，可将该多糖用作一种流变调节剂。另外，黄原胶因其独特的黏性、流变性能以及高抗剪切降解性，能够适应多种温度，可作为增黏剂应用于驱油以及钻井作业操作中。

6.2.6 凝胶特性

大部分的微生物胞外多糖结构中具有大量的羟基、羧基等亲水性的基团，具有较强的亲水性，因此能够在多种环境条件下作为稳定剂以及增稠剂进行使用。在使用过程中，胞外多糖不仅能够增强产品的黏性，同时也能通过自身结构中的结合水和产品中的蛋白质成分发生相互作用，来增强乳制品的刚性。凝胶多糖是由土壤杆菌属分泌出的一种中性不溶于水的多糖，其在加热的过程中能够产生多种不同性质的凝胶，融合在一起，使凝胶具有更好的特性。黄原胶因其具有凝胶的特性可以被用作输送剂。结冷胶主要是由阴离子多糖构成的一种水凝胶聚合物。目前，在市场流通的结冷胶可以分为两种，分别为高酰基形式和低酰基形式。低酰基结冷胶是在高酰基天然结冷胶的基础上，再采用碱性进行处理，改善其胶凝特性以及机械性。

6.2.7 抗逆性

一些微生物的胞外多糖还具有耐热、耐盐碱以及耐酸碱的特性，因而在石油开采、工业生产以及环境治理中被广泛应用。黄原胶能够在高盐条件下进行温度以及凝胶强度的转变，对石油开采中钻井液以及完井液的设计具有重要的作用。通过向钻井液以及完井液中添加黄原胶，可以通过调整盐浓度对流体的黏度以及浓度进行调整，改善其黏弹性。研究证明，在盐存在的条件下，黄原胶的添加能够增强钻井液凝胶的强度，并可以对其密度以及假塑性进行人工干预调整，更符合生产的需要。此外，黄原胶还具有较好的耐热的性能。

6.2.8 生物相容性

低酰基结冷胶作为一种新型的生物聚合物，可以作为细胞支架应用于细胞疗法以及3D组织支架制造的可注射以及印刷基质中。其中黄原胶具有较好的3D微环境，能够为细胞提供良好的表面化学特性以及刚度，有利于受伤组织在一定程度范围内实现再生的功能，引起了人们的广泛关注。另外，人们还可以借助于其他材料增强黄原胶的一些特性。例如，经过溶菌酶负载的黄原胶具有明显的杀菌能力，其能够作为一种伤口的敷料，并表现出优异的性能。

现在国内外都在致力于新型多糖的开发与研究。特别是细菌的胞外多糖，其生产周期较短，发酵过程易于控制，且具有多种优良的活性，具有广阔的发展前景。目前，已有多种细菌多糖应用于食品、化工、制药以及农业等领域。

6.3 胞外多糖的种类

葡聚糖是由相同连接方式或不同连接方式的葡萄糖单元聚合而成的同质多糖。一般葡聚糖的主链结构为多个α–1,6糖苷键构成的，侧链会有少量的α–1,3糖苷键连接的葡萄糖以及α–1,2糖苷键或α–1,4糖苷键连接的葡萄糖单糖单元。不同的微生物菌株所产生的葡聚糖的结构也是不同的。研究表明，明串珠菌生产的葡聚糖大多为右旋糖酐型的葡聚糖。如今在商业上常用的葡聚糖是由菌株 *L. mesenteroides* 以及 *L. dextranicum* 分泌产出的，该葡聚糖可用作一些大分子物质分离纯化所用的分子筛凝胶。另外，因为葡聚糖的安全无毒性，其也被应用于医疗行业的研究中。

6.3.1 酸乳酒胞外多糖

现在在食品行业中经常用到的荚膜多糖多来自菌株 *L. rhamnosus* 和 *L. kefiranofasciens*，最初是从酸牛乳酒曲中提取得到的，因此命名为酸乳酒胞外多糖。经过对该胞外多糖的功能进行挖掘，表明该多糖不仅具有抗细菌和真菌的活性，还能抑制肿瘤的生长。酸乳酒胞外多糖，外观呈黄色凝胶状支链包含了多个葡萄半乳聚糖，主要应用于碳酸、牛奶以及酒精的发酵，其不仅能够提高酸奶的黏稠度以及弹性，改善酸奶的口感，还能为酸奶增加一些抗病因子，防止疾病的发生。

6.3.2　纤维素

应用范围较广的纤维素也是一种重要的多糖。醋酸菌、土壤杆菌属、根瘤菌属以及假单胞菌等都可以产生纤维素。纤维素的结构和别的多糖相比，结构较为简单，主要是由 β-1,4糖苷键连接的葡萄糖聚合而成的。细菌产生的纤维素具有优良的特性，常被用作添加剂应用于食品行业中。有些牙科植入的物质以及伤口的敷料也会采用纤维素作为原料。

6.3.3　结凝胶

结凝胶是由细菌 *Sphingomonas elodea* 产生的一种多糖。该多糖的结构呈线性，一般是由 L-鼠李糖、D-葡萄糖醛酸、两个 D-葡萄糖组成的四分子重复单元的多糖。该多糖在自然条件下为弹性的液体凝胶，具有较好的热稳定性和酸稳定性。目前在市场中常见的结凝胶为 Gelrite、KelcogelF 以及 Kelcogel LT100 等。目前商业生产的结凝胶是由一个突变菌株代谢产生的，该凝胶被加热到55℃时能够形成弹性凝胶，在食品以及制药领域被广泛应用，不仅能够改良食品的口感以及稳定性，还可以作为药物传递的载体。

6.3.4　肝素

肝素是经过硫酸化后的一种线性多糖，其结构主要是由1,4连接的 D-氨基葡萄糖残基以及 L-艾杜糖醛酸或者 D-葡萄糖醛酸进行交替连接在一起的重复的单糖单元所构成的。糖胺聚糖（GAG）作为肝素的一种，其可以从猪小肠或者是牛的肺部组织中提取得到，现如今在临床上将其用作凝血剂。但是从动物小肠以及肺部组织提取得到的肝素，存在着携带病毒的威胁，因此并未大规模地使用。现在人们在寻找可以替代的能够产生肝素的微生物菌株，但目前并未发现。但一种大肠杆菌产生的多糖结构经过研究证实和肝素合成的前体物质具有相似的结构，后期研究会在此基础上，挖掘能够代替动物来源的肝素，更好地服务于医学领域。

6.3.5　海藻酸钠

菌株 *P.seudomonas*，*Azotobacter chroococcum* 和 *A. vinelandii* 等都可以产生海藻酸钠的多糖。其主要是由1,4连接的甘露糖醛酸以及 α-L-古洛糖醛酸组成的。残基会以不同的顺序进行排列，性质也存在差异。海藻酸钠因其独特的性质，在工业中经常被用作黏度剂、稳定剂以及结合剂。在制药行业中经常被用作伤口敷料或者牙科填充物。

6.3.6　黄原胶

黄原胶也是工业以及食品领域常用的一种多糖物质，其主要是由野油菜黄单胞菌分泌产生的一种阴离子杂多糖，其具有较高的分子质量以及侧链结构。主链主要为葡萄糖残基，侧链为 α-D-甘露糖、葡萄糖醛酸以及 β-D-甘露糖组成的一个三糖单元。黄原胶具有较高的可塑性以及悬浮的性能，在食品行业、医药行业得到了广泛应用。

6.4　胞外多糖提取、纯化

6.4.1　多糖的提取

胞外多糖常用的提取方法有两种，一种为物理方法，另一种为化学方法。化学方法一般是采用碱、乙二胺四乙酸（EDTA）和阴离子交换树脂等，其具有良好的提取效率，但同时会给多糖带来污染，破坏多糖的结构。常用的化学方法一般为有机溶剂法，将有机溶剂加入到菌液中，降低发酵液的介电常数，以此来破坏菌株中多糖分子形成的分子膜结构，降低多糖的溶解度，从而达到沉淀多糖的目的。醇类、醚类以及酯类是常用的提取多糖的有机溶剂，乙醇以及异丙醇、丙酮为使用最多的有机溶剂，特别是乙醇。当菌株所产生的胞外多糖为黏性多糖时，可通过离心的方法将多糖和菌体分离开来。可根据菌株的性质以及多糖的特性设置不同的离心转速和时间。物理的方法一般就是通过离心、超声波处理或者加热的方法进行提取。若是菌株所产的胞外多糖热稳定性较好，则可以采用热处理的方法将菌体和多糖分离。通过热处理，不仅降低了菌株发酵液的黏度，另外能够将一些不耐高温的微生物以及酶杀死或灭活。和化学方法相比，物理方法提取效率较低，但不改变多糖结构和性质。但若为荚膜多糖，多糖和菌体相连较为紧密，需要采用更为强烈的方法才能将多糖和菌体分开。一般常用的方法为碱处理、热处理以及超声波处理的方法。荚膜多糖通常属于碱性的化合物，在酸性环境下能够致使多糖中糖苷键发生断裂。再根据多糖的水溶性，选择合适温度的水或者一定浓度的稀碱溶液对荚膜多糖进行浸提。若多糖为非水溶性多糖，在提取时要注意提取温度、无机盐离子浓度、有机溶剂的选择以及溶液的酸碱度等条件。另外可以通过对提取时间以及添加不同的固液比对多糖提取的工艺条件进行优化。近年来，大量微生物胞外多糖的提取方法都得到了改良和优化，目前常用的方法就是物理方法和化学方法相结合。首先通过离心的方法将菌体细胞去除，离心的速度和时间取决于每种微生物特性。其次通过一些溶剂将胞外多糖进行沉淀，常用的溶剂为甲醇、乙醇、异丙醇以及丙酮等，其中以乙醇原材料易得且无毒、无污染被广泛应用。最后通过离心的方法将沉淀下来的多糖进行分离、干燥。

6.4.2　多糖的纯化

通过物理方法提取的多糖通常含有大量的DNA和蛋白质，在提取后要对多糖进行纯化。多糖的纯化操作不能破坏多糖的结构。现在一般常用的胞外多糖脱蛋白的方法是化学脱蛋白。例如，用三氯乙酸盐析使多糖中的蛋白质沉淀；或者使用蛋白酶进行处理，使蛋白质变性，再利用有机试剂进行萃取。为了得到纯度更高的多糖，KANMANI等人将去除蛋白后的胞外多糖，再通过琼脂凝胶柱进一步的纯化操作，得到了纯度更高的多糖样品。这些方法具有不同的优缺点。利用三氯乙酸进行去蛋白，虽然对蛋白的去除具有较高的效率，但在使用过程中，较高的酸度会引起多糖的结构的改变，从而失去其特有的活性。SEVAG的方法较为温和，不易引起多糖结构的变化，但该方法去除多糖中蛋白的效率不高。利用蛋白酶对多糖中的蛋白进行去除为一种更为温和的方法，但每种酶具有特异性，需要对多种酶的酶解特性进行摸索，这也是一个较为繁琐的过程。

经过去蛋白后的多糖并非是纯多糖。要想得到更纯的多糖，还需要通过透析和柱层析对多糖进行进一步的纯化操作。柱层析分离效率高，且不对多糖的结构造成破坏，现已成多糖分离最为常用的方法之一。在多糖分离纯化操作中，最常用的柱层析分别为离子交换层析柱和分子筛凝胶柱。离子交换层析柱一般常用的介质为DEAE-纤维素、DEAE-琼脂糖以及DEAE-葡聚糖等，而分子筛凝胶柱常用的填料分为两种，一种为葡聚糖凝胶（常用的填料为Sephadex G-75、Sephadex G-100和Sephadex G-200），另一种为琼脂糖凝胶层析柱（常用的为Sepharose 4B和Sepharose 6B）。对于多糖纯度的测定不能用小分子的标准进行计算，对于多糖大分子来说，很纯的多糖样品，其纯度也是在一定范围内呈现正态分布，也就是说多糖的分子质量并不是一个准确的值，而是分子质量的平均范围。通常来讲，多糖纯度的测定一般常用的方法为超离心法、凝胶过滤法以及高效液相色谱法等。

　　除此之外，对于多糖的制备还要考虑三个方面的因素。首先，在维持菌株正常生长代谢的前提下，使用最简单、廉价的培养基对菌株进行发酵培养。可以使用固体培养及对微生物进行发酵培养，但该方法易受到琼脂多糖的干扰，带来一定程度的污染。另外也可以在琼脂培养基表面加盖一层玻璃纸薄膜，这样菌株能够在玻璃纸上生长，多糖则被阻隔在下面，完成细菌和多糖的分离，也避免了对培养基中其他成分带来的污染。其次，要选择合适pH条件的培养基。在菌株发酵培养的时候，尽可能地选择培养周期较短、温度较低且pH呈酸性的培养基，避免一些胞内产物对菌株所产的胞外多糖带来的污染。低温中性的培养条件，能尽可能地保持菌株所产多糖结构的完整性。最后，要注意的是提取多糖的收集、分离以及洗涤方法。可以通过离心的方法将胞内多糖、荚膜多糖和上清液中的胞外多糖分离开来。而荚膜多糖是提取会根据菌株的不同采用不同的分离提取方法。一部分的荚膜多糖可以通过让菌体在水中、缓冲液中进行振荡，然后控制离心速率和时间，实现对荚膜多糖的分离提取。另外就是可以选择更快速、有效的办法，比如采用浓度较低的氢氧化钠溶液或者煮沸等方式对荚膜多糖进行萃取，提高荚膜多糖的溶解度，再对其进行抽提和纯化操作。

6.5　胞外多糖的结构研究

　　胞外多糖的结构和蛋白质相似，也具有一级结构以及高级结构。但其结构远比蛋白质和核酸复杂，四种不同的单糖可以组成35,560种不同连接方式的多糖，且单糖还具有不同的活性基团和手性原子，单糖间能够形成直链和支链，并具有α和β异构体，所以其结构研究现在大多停留在一级结构。多糖的一级结构是研究其结构的基础，其结构主要包含单糖种类、分子质量大小、糖苷键之间的连接方式以及取代基情况等。

6.5.1　多糖含量测定

　　对多糖含量的测定一般常用的方法是苯酚－硫酸法以及蒽酮法。微生物以及植物体内的可溶性糖主要是指能溶于水及乙醇的单糖和寡聚糖。苯酚法测定可溶性糖的原理是：糖在浓硫酸作用下，脱水生成的糠醛或羟甲基糠醛能与苯酚缩合成一种橙红色化合物，在10~100 mg范围内其颜色深浅与糖的含量成正比，且在490 nm波长下有最大吸收峰，故可用比色法在此波长下测定多糖的含量。苯酚法可用于甲基化的糖、戊糖和多聚糖的测定，方法简单，灵敏度高，实验时基本不受蛋白质存在的影响，并且产生的颜色能够稳定 160 min 以上。而蒽酮比色法是一个快速而简便的定糖方法。蒽酮可以与游离的己糖或多糖中的己糖基、戊糖基及己糖醛酸起反应，反应后溶液呈蓝绿色，在 620 nm 处有最大吸收。本法多用于测定糖原的含量，也可用于测定葡萄糖的含量。通过苯酚-硫酸法和蒽酮法对多糖含量进行检测，测得的是多糖样品中寡糖、单糖以及多糖组成的混合物中的总糖的含量。数据结果往往会比多糖的糖含量要高。因此，如果要应用这两种方法对多糖含量进行检测，需要利用透析的方法，将混合物中一些小分子单糖及寡糖透析出去，再利用苯酚-硫酸法或者蒽酮法对多糖含量进行检测，所得到的结果才是多糖真实的含量。

6.5.2　多糖纯度测定

多糖纯度检测常用的方法是超速离心、高效液相色谱（HPLC）。应用最多的就是利用 HPLC 对多糖纯度进行检测，结果准确，具有较高的可信度。多糖的纯度对其化学结构的解析占据着重要的作用，因此要求多糖的纯度须达到 95% 以上。另外还可以利用 HPLC 表征分析，得到多糖中含有单糖的种类以及比例关系，且和甲基化中单糖的摩尔比遥相呼应，共同作用于解析多糖的结构的分析研究中。

由于组成单糖种类众多，连接次序及位置多异性，致使多糖结构较为复杂，结构鉴定也较为困难。对于多糖一级结构分析，目前主要采用化学和生物相结合的方法，采用高效液相色谱或凝胶排阻色谱对其分子质量进行测定，气相色谱或液相色谱测定其单糖组成及比例，采用 FT–IR 对糖苷键构型进行分析，鉴定其为吡喃糖或呋喃糖环，通过甲基化和 NMR，对单糖连接次序以及化学基团等进行表征分析。综合分析以上表征数据，对多糖分子结构进行推测。对于多糖一级结构的解析，目前已经建立了一系列的分析方法，主要可分为三类，分别为：化学分析法、生物学分析法以及物理分析法。常用的物理方法主要为红外光谱（FT–IR)、紫外光谱（UV）、高效液相色谱（HPLC）、质谱（MS）、气相（GC）以及一维核磁、二维核磁等。化学的方法主要包括酸解、衍生化、甲基化、高碘酸氧化、乙酰解、Smith 降解等分析方法，而生物学的分析方法主要为蛋白酶酶解以及一些免疫反应等方法。在多糖一级结构解析中，往往需要物理方法、化学方法以及生物方法的联合使用，协同配合对多糖的结构进行分析和鉴定。

6.5.3　红外光谱法

红外光谱法是表征分析多糖结构重要的方法之一，主要用于对多糖中吡喃糖和呋喃糖的鉴别以及糖苷键的确认。根据红外光谱，可以识别—OH、C—H键以及各种基团。通常来讲，—OH、C—H键作为糖类物质特征峰，其中3,700~3,100 cm^{-1}处出现的吸收峰为—OH的伸缩振动峰。3,000~2,800cm^{-1}间的峰大多为烷基的C—H键的伸缩振动。α-糖苷键和β-糖苷键的吸收峰分别在840 cm^{-1}和890 cm^{-1}处，可以此来判别多糖为α-糖苷键或β-糖苷键类型的多糖。吡喃糖的红外光谱图中，在1,100~1,010 cm^{-1}之间会出现3个强烈的振动峰，而呋喃糖的两个特征峰是位于810 cm^{-1}和870 cm^{-1}的位置。若多糖结构中存在取代基，1,300~1,250 cm^{-1}之间的峰为P=O键的伸缩振动峰，S=O的伸缩振动峰位于1,240 cm^{-1}处，C—O—S的伸缩振动峰则是位于850~820 cm^{-1}，可以此来判别多糖中存在取代基的类别。

6.5.4　紫外光谱法

一方面，常见的多糖复合物会在206 nm处有一个微弱的特征吸收峰，可以以此来判别多糖的存在。另一方面，可通过紫外光谱分析，测定其在260 nm以及280 nm处是否有吸收峰，来检测纯化后的多糖中是否还有核酸以及蛋白质的存在，来判定多糖的纯度。另外，一些多糖，如褐藻胶被裂合酶分解后，产生的非还原性末端含有C4、C5不饱和双键，可以在230~240 nm处能够检测到强的吸收峰。

6.5.5　酸水解法

要对多糖中残基的种类以及数量进行鉴定，需要通过酸水解的方法将多糖进行水解为单糖或者残基片段，随后再对单糖以及残基糖苷键进行表征分析。酸水解的方法主要是利用强酸能够和多糖发生相互作用，然后多糖的糖苷键发生断裂。形成各种单糖以及糖残基。在多糖酸水解过程中，常用的强酸主要有硫酸、盐酸以及三氟乙酸等，可根据多糖的性质选择合适的酸进行水解反应。若为中性多糖，一般采用硫酸作为强酸进行酸水解反应；若多糖结构中含有糖蛋白或者是氨基脱氧糖，则可以选择盐酸进行水解；三氟乙酸主要是用于对一些糖蛋白以及糖胺聚糖类多糖的水解。经过水解后的多糖样品需要进一步处理，才能经过GC进行检测，来分析多糖中存在的单糖种类。一般常用的单糖测定的方法有纸层析、薄层层析以及高效液相色谱等。利用GC进行检测时，需要先对水解后的多糖样品进行衍生化处理，该方法方便快捷。而高效液相色谱的方法无需衍生化处理，可直接对样品进行检测，操作简单，且具有较高的分辨率，在多糖结构鉴定方面广为应用。

6.5.6 甲基化分析法

作为探究碳水化合物结构的主要方法，甲基化分析在多糖结构中单糖糖苷键连接方式的鉴定中发挥着重要作用。多糖经过酸水解后，会形成多个单糖残基，再通过甲基化反应，残基中的游离的—OH能够转化成具有较强稳定性的甲醚。反应完成后，可通过红外光谱的方法来检测是否还有—OH的存在。再将水解后得到的单糖进行甲基化、衍生化为相对应的糖醇乙酸酯，最后利用GC–MS对其单糖残基的种类以及含量进行定性和定量分析，以此来鉴定多糖中单糖之间的连接方式。

6.5.7 核磁共振分析法

在多糖结构解析中，往往采用一维核磁和二维核磁联合分析的方法对多糖糖苷键类型及C、H键进行全归属，来准确分析多糖的结构。一维核磁主要包括 ^{1}H NMR 以及 ^{13}C NMR。^{1}H NMR 在多糖一级结构解析中主要用于对糖苷键构型进行解析。一般在多糖的 ^{1}H NMR 谱图中，大部分的质子信号峰（C2~C6）均位于3.0~4.8 ppm之间，且信号峰往往会相互干扰，难以分辨。因此，对于多糖的 ^{1}H NMR 谱图中，主要查看异头氢的信号位置。通常若是异头氢的信号峰大于5.0 ppm，则说明该多糖属于 α–吡喃糖型的多糖，若是小于5.0 ppm，则为 β 型多糖。因此可以通过查看多糖异头氢的信号位置，来判别糖苷键的类型。而对于 ^{13}C NMR 来说，化学位移 σ 范围通常在60~120 ppm之间，且谱线具有较好的分辨率。通过对多糖的 ^{13}C 进行表征分析，一方面是根据异头碳的位移来判别多糖的构型。一般来讲，若位于 α–异头碳，化学位移通常在97~102 ppm之间，若为 β–异头碳，通常位于103~106 ppm低场区。另一方面是通过 ^{13}C NMR 来解析多糖中取代基的位置。若是在主链结构中不存在取代基，则C–1的共振位移会在90~95 ppm左右。C–2、C–3、C–4、C–5的异头碳的化学位移会在77~85之间，而C–6的化学位移在67~70 ppm左右。还有就是可以通过对 ^{13}C NMR 谱图进行解析，确定多糖结构中残基的种类以及它们之间的比例。不同残基的异头碳具有不同的化学位移，Gal N残基的化学位移在50.8~52.2 ppm之间，己糖酸以及乙酰基的化学位于一般位于170~176 ppm之间，23.5~23.9左右的峰为氨基的化学位移，甲基氧的化学位移一般在59.4 ppm。在 ^{13}C NMR 谱图中，每个碳峰的相对高度和碳的数目呈现正相关，以此可来推断每种残基的比例。2D NMR经常用来分析多糖中各种单糖糖苷键的连接方式。主要是运用1H–1H COSY、COSY–90、HSQC、HMBC以及NOESY联合分析来解析多糖结构的构象。

对于多糖的高级结构，目前研究还较少。但其空间结构对生物活性的探究是必不可少的一部分。例如，一些具有抗肿瘤活性的多糖，均具有三股或类似三股的螺旋对称结构。1986年，有报道声明当裂褶多糖只有处于三股螺旋结构时，才具有相应的生物活性，且其抗肿瘤的活性还和三股螺旋结构的比例有关，若是所占的比例低于50%，该多糖就不具有抗肿瘤的功效。另外研究表明香菇多糖也具有三股螺旋结构，但是在香菇多糖中加入二甲亚砜或尿素后，其抗肿瘤的活性急剧降低，甚至消失。究其因，可能是加入二甲亚砜或尿素后，多糖立体结构的旋光度发生了改变，进而导致其活性的丢失。张丽萍等人的研究显示金顶侧耳多糖其在水中呈现出无规线团的构象，但将其经过硫酸酯化后，无规线团变为了伸展状态，局部会形成螺旋结构，因此将金顶侧耳多糖经过硫酸酯化后，其抗病毒的活性显著提高。

近年来，随着精密仪器的发展，对胞外多糖表面的形态观察以及高级结构的鉴定是人们最热衷的创新研究领域。通过高分辨的扫描电镜和透射电镜观察多糖的表面结构以及原始状态，有助于人们对同类多糖表面性质以及功能属性的了解。在和X射线衍射的分析结果进行结合，探究胞外多糖的稳定性，保证其在各个领域能够得到合理、高效的应用。

6.6　胞外多糖构效关系研究

胞外多糖的构效关系指的是其一级结构或高级结构和生物活性之间的关系。胞外多糖的生物活性和其内部的结构及构象有着密切的联系。多糖的结构影响其物理性质，从而影响其生物活性。分子质量的大小、分支数目多少以及单糖组成均会影响多糖致密性，从而影响其流变性能。ZHANG等人对不同分子质量的多糖抗氧化能力进行了对比，结果表明多糖分子质量越小，其抗氧化能力越强；多糖分子质量越大，内部缠绕越多，活性基团暴露程度越小，其抗氧化能力越小。多糖分子质量越大，受到空间位阻的影响，会降低多糖和细胞受体的结合，从而降低其生物活性。大分子裂褶多糖经过超声裂解后，其抗肿瘤的活性显著增强。资料显示，对于细菌多糖来说，分子量大小为2.1×10^5 Da左右的多糖，其对肿瘤生长的抑制效果最强，而9,000 Da左右的右旋糖苷其活性会随着分子质量的变大或变小而降低。因此，可以看出每种多糖其在适当的分子量范围内才能更好地发挥其生物活性。

多糖活性可能与其结构紧密相关，目前尚无准确定论，但也发现一些规律。比如β-1,4连接的多糖硬度明显高于α-1,4或β-1,3连接的多糖；中性多糖可以影响产品黏度，带有负电荷的多糖则有助于产品的弹性。一些以β-1,2和β-1,3连接的葡聚糖，半乳糖和甘露糖，大多有抗肿瘤特性，β-1,6连接的葡聚糖没有抗肿瘤特性。葛根多糖免疫活性表明，含有α-1,2连接葡聚糖免疫活性要优于α-1,6连接葡聚糖。而裂褶多糖以及核盘菌多糖都是由β-1,3连接的葡聚糖聚合而成的多糖，其对小鼠体内的肉瘤具有较为明显的抑制效果。

多糖的活性还和糖原种类和数量有关。单糖单元组成不同，多糖的生物活性具有很大的差异性。大量研究表明，含有甘露糖和鼠李糖糖苷键的多糖，具有抗氧化、降解以及抗肿瘤的性能。LO等研究表明，随着甘露糖和鼠李糖含量的增加，抗氧化能力也显著提高，而葡萄糖和阿拉伯糖的增加却降低了多糖抗氧化能力。乳酸菌的胞外多糖中，随着葡萄糖在多糖结构中比例的提高，乳酸菌的黏度也会相应地提高。从南极海洋细菌中分离得到的甘露聚多糖，其在小鼠体内，能够促进脾淋巴细胞的转化，进而增强小鼠体内巨噬细胞的吞噬能力，增强小鼠的免疫能力。支链的存在也会影响多糖的功能，支链较多的多糖，其水溶性和生物活性都较好。多糖取代基的种类以及数量也对其功能有所影响，VOLPI等发现磷酸化以及硫酸化后的葡聚糖具有更强的抗氧化能力，而且大量的报道也表明多糖经过硫酸酯化后，其抗肿瘤性能、抗病毒性能以及抗凝血活性都显著增强。另外，由葡萄糖组成的单糖大部分会具有抗肿瘤的活性，如裂褶多糖、香菇多糖等，在主链结构中都包含了葡萄糖的单糖单元。除了同聚多糖有功能活性外，杂多糖同样也具有相应的生物学活性。紫松果菊多糖是由阿拉伯糖和半乳糖聚合而成的，其可以促使巨噬细胞产生一些坏死因子，来抑制肿瘤细胞的生长。从植物中提取到的多糖大多具有半乳糖醛酸以及葡萄糖醛酸，呈酸性，具有抗补体的活性功能。

多糖的溶解度以及黏度也影响着其生物活性。溶于水是多糖发挥其生物功能的首要条件。例如，从茯苓中提取得到的多糖，经过检测表明水溶性的组分具有较强的抗肿瘤功能。灵芝多糖不易溶于水，但将其α-葡萄糖糖苷键进行羧甲基化后，提高其溶解的性能，即使在体外，其也能表现出一定的抗肿瘤的生物功能。通过IR检测其前后的官能团变化，结果表明在羧甲基化后，α-葡萄糖糖苷键中的—OH伸缩振动峰变窄，并向高波长的方向发生移动，说明羧甲基化后，分子间的氢键遭到了破坏，进而提高了多糖的溶解性能，发挥其生物活性功能。因此，在对多糖应用时，若是多糖的溶解性能较差，可以对多糖的结构就行适当的修饰，提高该多糖的溶解性，进而可以达到增强该多糖生物活性的目的。另外，多糖的黏度也影响其生物活性的表达。多糖黏度若是很高，不利于宿主对其的吸收和利用，无法发挥其生物活性。如裂褶多糖，在临床的起始阶段，因其黏度过大而无法进行临床的使用，后来经过对多糖进行部分降解，降低其分子质量，其黏度也相应地降低，但未对其结构进行改变，其抗肿瘤活性的功能依旧保留，被应用于临床治疗中。

多糖的取代基也影响其生物活性功能。取代基的种类以及数量都会对多糖的活性产生显著的影响作用。因此可以通过多种手段，包括磷酸化、磺酸化、硫酸化、乙酰化等手段对多糖的结构进行修饰，以增强多糖的活性功能。例如，牛膝多糖虽能明显增强宿主机体的免疫力，抑制宿主肉瘤的生长，但其无抗病毒以及凝血的生物活性功能。通过对该多糖就行硫酸化处理，得到牛膝多糖硫酸酯，其具有抗多种病毒的功能。但是将一些硫酸化多糖脱硫酸根后，其抗病毒的活性也相应地降低甚至消失。未处理的硫酸昆布多糖经过验证显示具有较低的抗 HIV 的活性，但将其进行烷基化后，其抗病毒的活性显著提高。归其原因，在将其进行烷基化后，生成了一种类似表面活性剂的成分，其可以和 HIV 脂双层发生反应，从而将其囊膜破坏掉，进而杀死病毒。

多糖的受体也影响其生物活性。在多糖发挥其生物活性时，往往是多糖中的特异性的寡糖片段和宿主体内的受体发生结合。研究发现，一些具有抗补体活性功能的植物多糖，例如，柴胡多糖、当归多糖、甘草多糖等，他们的活性部分均包含半乳糖醛酸以及中性糖侧链的鼠李糖半乳糖醛酸，该分支区可以和抗补体发生作用，促进细胞的有丝分裂，增强巨噬细胞的活性成分。但当这些活性中心受到阻碍或是被替代时，多糖的活性也大大降低。

6.7 胞外多糖的应用

微生物胞外多糖，是生物膜重要的组成部分，对微生物的生长起着重要的保护作用，其安全无毒，材料易得，在很多领域被广泛应用。在自然界的环境中，其能保护细胞避免因干燥失水而死亡，也可以减弱因细胞受到宿主特异性免疫作用或非特异性作用。除此之外，胞外多糖的黏附作用，能将细菌的细胞黏附在一起，更容易在宿主中定殖形成生物膜，增加菌株抗逆性。在合适的环境中，大部分菌株产生的EPS具有优良的特性，利用其凝固、乳化以及增稠的特性，可以将其加入到食品或化工溶液中，安全无毒，现已被人们普遍接受。特别是在食品行业中，在酸奶制作过程中，加入乳酸菌EPS，不仅增加了酸奶的黏度，增强了其弹性，同时也降低了酸奶的凝固敏感度，因此可用该多糖来代替化学合成的增稠剂和稳定剂，有助于食品安全的建立。此外，胞外多糖能够保护菌体抵抗外界环境对细胞的吞噬。胞外多糖还能够有助于细菌菌落从周围的环境中获取足够的营养物质。有些蓝细菌的胞外多糖还具有抗辐射、抗氧化等独特的性质，另外一些多糖被验证因在抗肿瘤、抗病毒以及降低胆固醇等方面发挥着有效的作用，而被应用于医学中。在海洋中，胞外多糖能够帮助细菌形成膜结构，吸引一些无脊椎小动物的幼虫，形成一个个小的有机生态圈。另外有报道表明一些菌株产生的胞外多糖能够和一些重金属离子发生结合，一方面可以保护细菌免受外界毒素的干扰，另一方面也有助于对生态系统的修复。

此外，近年来，微生物胞外多糖因其独特的活性和潜在的药用价值，在生物、医学等方面得到了广泛重视和进一步的研究开发。其主要功能归纳如下4点。

6.7.1　在食品工业中的应用

一些细菌胞外多糖，具有凝胶化、乳化的性能，常常作为一种新型安全的食品添加剂，用于食品发酵工业中。一些乳酸菌或乳杆菌产生的胞外多糖，在结构上含有较多羟基基团，具有较好的亲水性，能够在食品行业中作为增稠剂或者稳定剂，发挥其优良的胶体特性。在蛋糕制作、奶油制品、啤酒以及果冻中应用黄原胶，能够使产品结构得到改善，口感更加细腻清爽。由少动鞘脂类单胞菌（*Sphingomonas paucimobilis*）产生的结冷胶，其能够增强食品硬度、弹性以及黏度。韦兰胶是产碱杆菌（*Alcaligenes sp*）产生的一种代谢多糖，其能够提高肉类产品弹性以及持水性，在食品加工中广泛应用。

6.7.2　在医药方面的应用

微生物多糖能引起机体一系列免疫应答反应，刺激体内免疫细胞和活性酶产生，对机体进行免疫调节，进而抑制肿瘤活性。一些真菌或者细菌产生的多糖，比如裂褶多糖、香菇多糖以及灵芝多糖等，近年来研究表明，这些多糖不同程度上都具有抗肿瘤活性，并应用于国内外临床治疗中。ZENNGENNI等发现灵芝多糖

（GLP）能够诱发HCT-116细胞凋亡，致使细胞发生形态学改变，比如DNA断裂、线粒体膜电位降低、S期增长以及激活细胞凋亡蛋白酶等，显示出独特的抗肿瘤机制。活性多糖表现出抑制肿瘤的作用主要是通过两种途径：一是通过直接杀死肿瘤细胞或者诱导肿瘤细胞凋亡而达到抗肿瘤的目的；第二是可以通过激活机体免疫系统，增强自身免疫力和抗性来达到抗肿瘤的目的。另外，很多研究表明一些海洋微藻类释放的多糖对多种病毒都具有抗病毒生物活性。目前已经发现的多糖抗病毒机制主要有增强机体免疫、阻断病毒与宿主细胞的吸附、抑制逆转录酶的活性。研究表明，从条浒苔和奥氏海藻中提取的多糖能够有效抑制鸡新城疫病毒（NDV）的吸附，侵染和细胞融合。此外，一些微生物多糖的硫酸化衍生物，其对动物降血糖和血脂具有明显的功效。在医学领域，常用的几种胞外多糖一般会具有抗氧化活性、免疫调节特性以及抗肿瘤活性，主要的作用机制如下：

抗氧化活性：一些微生物的胞外多糖能够提高机体体内抗氧化酶的活性，提高机体抗氧化的能力。此外，还可以通过对一些活性的多糖进行磷酸化、乙酰化或硫酸化的处理，对多糖进行修饰，来提高胞外多糖抗氧化的活性功能。

免疫调节作用：一些乳酸菌的胞外多糖具免疫调节特性。一方面这可能归结于EPS能够激活机体巨噬细胞以及NK细胞，促进宿主分泌出一些免疫分子，提高机体免疫力。另一方面，EPS能够激活T淋巴细胞产生淋巴因子，进而诱导B淋巴细胞产生相应的抗体等，调节机体的免疫功能。

抗肿瘤活性：胞外多糖抗肿瘤的活性主要可以通过以下几个途径实现，一方面胞外多糖能够抑制肿瘤细胞的生长和繁殖，另一方面还可以诱导肿瘤细胞的衰老和凋亡。另外胞外多糖还能够增强机体的免疫活性。此外，胞外多糖的结构特征以及分子质量也会影响其活性，其作用机制还需进一步研究，更深入地开发胞外多糖的应用价值。

6.7.3 在农业中的应用

近年来，化肥农药的滥用，致使土壤板结、重金属污染问题日益严重。一些物理和化学方法被用于土壤改良，成效显著，但污染问题也不容小觑。随着土壤资源的退化，不仅影响着人类粮食安全，还对绿色农业的可持续发展也带来了不良的影响。因此，人们迫切地需要探究出一种有效的办法解决土壤污染、板结的问题。微生物胞外多糖的应用，能够改良土壤、调节土壤营养成分、吸附重金属等物质，同时能够促进植物生长，诱导植物产生抗病性，在农业领域也具有广阔的应用潜力。微生物胞外多糖能够帮助微生物与矿物融合，形成复合体，释放矿质元素，提高土壤肥沃度。CAO等人的研究结果表明，枯草芽孢杆菌以及恶臭假单胞菌胞外多糖可以和土壤中的矿物以及土壤颗粒互作，对土壤中Cu（Ⅱ）具有显著的吸附效果。FENG等人的研究表明乳酸菌胞外多糖在0.2 g/L时对Pb^{2+}的吸附量达到最大值。

胞外多糖能够有效改良土壤结构。微生物胞外多糖因其独特的性质，可以作为土壤的胶结剂，对土壤中团聚体的形成以及稳定性发挥着不可替代的作用。研究证实，根瘤菌以及假单胞菌的胞外多糖对土壤中团聚体的形成具有显著的促进作用。其原因可以归结为以下两点。

（1）为动、植物提供营养物质。微生物的胞外多糖能够为动物或植物提高生长所需的一些营养物质，间接地促进了土壤中团聚体的形成以及稳定性。

（2）胞外多糖结构中的基团能和土壤之间形成氢键以及离子键。微生物胞外多糖作为一种大分子物质，其结构包含了大量的羟基、羧基以及硫酸基等基团，这些基团能够和土壤颗粒发生相互作用，形成多个氢键以及离子键，这种结合力促进了土壤团聚体的形成，也维护了团聚体的稳定性。

调节土壤营养成分。微生物胞外多糖作为一种糖类大分子物质，其本身能够为植物提供必要的一些营养物质，提高土壤中的营养成分。陈兰周等人的研究表明微囊藻的胞外多糖因其能为土壤提供丰度较高的碳源，因此对沙漠地带沙质土壤土质化发挥着极其重要的作用，也为治理荒漠化提供了新的思路。另外，微生物胞外多糖中含有羟基、硫酸基以及羧基等大量酸性基团，能够吸附土壤中的阳离子。而随着微生物的衰老以及死亡，金属阳离子又会被重新释放出来，供植物的吸收和利用，不仅起到了保肥的作用，也在缓释肥力等方面发挥着重要作用。最重要的是，微生物胞外多糖能够和其他微生物进行协同作用，导致矿物晶体结构遭到破坏，有助于微生物和矿物质的有效结合，形成复合体，释放出多种植物所需的矿物质元素，增强土壤肥沃力度。因此，微生物胞外多糖在土壤营养成分调节方面也发挥着重要的作用。

蓄水以及吸附重金属。土壤荒漠化是我国乃至全世界最为严重的生态环境问题之一。虽说目前对微生物以及其胞外多糖在荒漠化土壤中蓄水固沙的研究甚少，但该方法成本低，效果好，后期其优势会逐渐明晰。在荒漠化土壤中喷施微生物以及其胞外多糖后，其能够和土壤颗粒发生结合，在土壤的表皮形成一层生物结皮，能够有效保留土壤中的水分，对土壤结构以及营养物质的恢复及积累也起到了一定程度的积极作用。任梦楠团队从一片荒漠化的土壤中分离得到了一个马来西亚属的菌株ZMN-3，将其发酵液喷洒在沙土的表面上后，发现其能在沙土表面形成一层致密的生物结皮，避免了水分的流失。另外，微生物胞外多糖也可以作为一种优良的吸附剂，去除环境中的重金属离子，缓解了重金属离子带来的危害。研究证明从硫酸盐还原菌中提取得到了一种胞外多糖，其对生态环境中Zn^{2+}以及Cu^{2+}均具有较好的吸附效果。但胞外多糖来源不同，单糖种类以及连接方式的不同，都会影响多糖对金属离子的吸附效果。

此外，有报道声明，一些微生物胞外多糖能够促进种子萌发，对植物幼苗生长也具有一定的促进作用。XU等人利用蓝藻多糖处理灌木柠条种子，发现种子的发芽率明显提高，且能够通过提高植物氧化酶活性以及清除活性氧的特性来降低植物的氧化损伤。后期研究证实，微生物胞外多糖不仅能够促进种子萌发，还能显著促进幼苗的生长。研究发现，在土壤中喷施了微生物胞外多糖后，水稻幼苗的生长速率显著得到了促进。

近年来，一些微生物胞外多糖被当作诱抗剂应用于植物病害防控中。化学农药的大量使用，对食品安全以及生态环境都带来了极大的威胁。因此，急切地需要寻找一种安全、有效环保的抗病措施。微生物胞外多糖作为激发子，能够诱导植物产生系统抗病性，抵抗病毒的侵染，引起了人们的广泛关注。刘偲嘉等研究结果表明芽孢杆菌的胞外多糖可以诱导植物相关防御活性酶，显著降低植物病害发病率，提高作物产量。乳酸菌的胞外多糖作为一种激发子，能够诱导植物发生免疫反应，激活相关防御基因的表达以及宿主的防御反应，提高抗氧化酶的活性，提高宿主免疫力。活性多糖也可以作为新型的生长促进剂，为绿色农业的可持续发展做出重大的贡献。但微生物胞外多糖信号识别以及和宿主互作机制尚未清晰，广泛应用还存在一定局限性。

6.7.4 在其他领域方面研究进展

在石油工业中，通过将韦蓝胶调配液注入到井内，能够极大度地提高石油工业中的采油率。S-88是由*pseudomonas*（ATCC31554）产生的类似于结冷胶的多糖，在石油工业中不仅可以提高钻井速度，还能有效防止油井的坍塌、井喷等，以此来保护油田作业。目前，在石油开采行业中常用的微生物胞外多糖主要包括黄原胶、AGBP胞外多糖等。黄原胶结构中含有葡萄糖醛酸以及丙酮酸基团，具有较好的水溶性和塑造性，极易形成凝胶。在石油开采中，利用黄原胶较好地增油以及降水的特性，可以提高油井中注入水的利用率以及采收率。国外的一些公司在恶劣的环境条件下，利用黄原胶合成的新型聚合物对注水井进行解剖。另外，Simusan作为一种酸性的胞外多糖，其具有较好的乳化功能，可以作为稳定剂，延长油包水乳状液的使用时间。此外，AGBP也可以被用作注水调剖，一年原油增产可达到 $3,974.6 \text{ m}^3$。

在化工领域中，韦蓝胶能显著增强泥浆保水性，而被广泛应用。在印染工业，黄原胶和染料具有较好相容性，可以控制染料染液流变学性质，防止染料迁移，保持色泽。

在化妆品生产上，黄原胶是一种良好的表面活性物质，具有抗氧化，防止皮肤衰老等功能。黄原胶的加入使护肤霜和润肤霜具有更加良好的柔滑感觉。

对于胞外多糖的开发以及应用，未来将会在理论的基础上，通过对其优良菌株进行选育，优化以及调控其发酵条件以及下游加工工艺流程，开发更多具有多种活性的多糖。未来的研究重点将集中于活性多糖生产菌株的开发，多糖合成的代谢调控，多糖结构的修饰以及构效关系的研究，以及多糖在诱导抗病中的功能和作用等方面的研究。一是多糖构效关系的研究，这是持续研究多糖的关键性问题，随着技术的发展以及基础知识库的增加，人们对多糖的结构和功能认识会越来越清晰，越来越深入，多糖的构效关系也会迎刃而解。二是多糖产生的机理，通过对多糖产生过程的机制进行解析，可以通过人工手段来控制多糖的代谢，让多糖的工业化生产成为可能。三是确定胞外多糖的合成基因，了解并对胞外多糖合成基因进行调控，对其工业的生产发挥着决定性的作用，具有广阔的应用前景和经济价值。

6.8　胞外多糖的生物合成

胞外多糖的合成一方面和微生物的培养条件有关，培养基的碳氮比、通气量以及金属离子的含量等因素都会影响胞外多糖合成的数量。其合成大都处于细菌生长对数后期以及稳定期。但因其产量较低，限制了大规模的应用。因此可以通过对其合成过程进行人工调控，提高胞外多糖的产量，进而降低生产成本。根据其合成的机制，可以分为两种模式，一种为以脂载体为主的非依赖型的胞外合成模式，另一种为脂载体为主依赖型的胞内合成模式。

6.8.1 胞外合成模式

通过以脂载体为主的非依赖型的胞外合成模式的细菌菌株相对来讲是较少的。只有部分革兰氏阳性菌能够产出均一性的多糖，如葡聚糖、果聚糖等，都属于胞外合成的模式。在这种模式中，胞外多糖的合成是发生在细胞外的，其合成过程并不依赖脂载体，也不需要以糖核苷酸的前体作为其合成的糖基供体。其主要是以蔗糖或者其他的双糖作为其糖基供体，并不进入细菌细胞内部，而是在细胞外聚合酶的作用下发生聚合反应，进而产生胞外多糖。合成模式如图6-1所示。

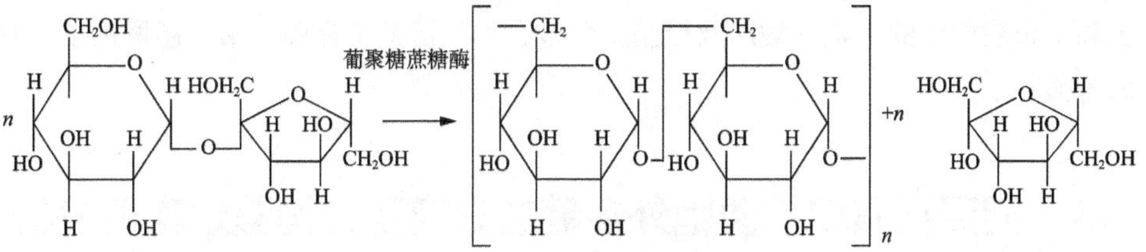

图6-1 胞外合成模式示意图

6.8.2 胞内合成模式

大部分细菌的胞外多糖的合成都是胞内合成的。通过胞内合成的多糖其重复单元是不同的，具有多种单糖种类以及多种糖苷键之间的连接方式，具有较大的差异性。而且其合成模式也极为复杂，在合成过程中，有大量的酶蛋白以及脂类物质的参与。胞内多糖合成的模式主要的要素为糖核苷酸前体、酶催化系统、糖基合成的脂载体以及修饰基团等。多糖的合成需要糖核苷酸作为前体才能聚合形成多糖，而对于游离的单糖来讲，其自由能较低，不能直接发生聚合反应，因而不能形成多糖。参与胞内模式合成多糖的过程中，需要多种酶催化系统的参与，包括一些合成糖核苷酸前体以及和酶、催化糖基相关的糖基转移酶、胞外多糖聚合以及胞外运输有关的酶等，都是胞外多糖胞内合成模式重要的单元组成。此外，由55个碳原子组成的十一聚类异戊二烯醇磷酸酯主要作用于细菌细胞膜内，负责寡糖重复单元的运输。另外，一些胞外多糖的主链以及侧链中除了含有各种单糖单元以外，还包含各种乙酸、丙酮酸等物质，作为其有机酸的修饰基团，因此，在合成的过程中，需要为这些有机酸的修饰集团提供相应的供体物质。因此，通过胞内合成模式产生的胞外多糖，在上述四个要素的相互协调作用下，进行胞外多糖的合成。其合成的主要四个步骤分别为：糖底物的吸收；糖类物质的胞内代谢和糖核苷酸前体物质的合成；多糖结构的延伸、聚合；胞外物质的胞外运输等过程。

6.8.3 沼泽红假单胞菌胞外多糖

目前，国内外对沼泽红假单胞菌胞外多糖研究较少。ZHANG等人从沼泽红假单胞菌RPS30中提取到一种胞外多糖，研究表明其能刺激促炎细胞因子的表达，来达到激活巨噬细胞的目的，与此同时，其还能以此来避免巨噬细胞活化过度带来的不良影响。更多研究集中于对假单胞菌胞外多糖的研究。有报道显示海洋假单胞菌WAK21产生的胞外多糖呈现出抗HSV21的特性。光合菌HP1产生的胞外多糖能够提高黑鱼肌肉中的总氨基酸以及粗脂肪含量，不仅提升了食用口感，还增加了其营养价值。

6.9 沼泽红假单胞菌胞外多糖的分离及结构鉴定实例分析

沼泽红假单胞菌（*Rhodopseudomonas palustris*），作为一种古老的光合细菌，其菌体富含多种生物活性因子，在农业领域被广泛应用。其能够产生一系列的化学物质，包括铁载体、核黄素、5-氨基乙酰丙酸（ALA）、胞外多糖（EPS）以及酰基高丝氨酸内酯（AHL）等物质，这些物质可以作为信号分子，触发植物的系统抗性，从而达到生物防治的效果。

胞外多糖（extracellular polysaccharides，EPS），作为细菌生物膜重要的组成部分，是由细菌分泌到其生存环境中，并能发挥多种生物活性的产物。细菌的胞外多糖是由细菌在成熟期，释放出来的产物。其能够帮助细菌菌体更好地定殖于宿主表面，增强菌体抗逆性以及诱导宿主植物产生抗病性。细菌的胞外多糖是由多个不同糖苷键的单糖组成的重复单元，结构不同，其物理性质也不同，生物活性也具有多样性。有报道称，一些细菌的胞外多糖，可以作为细菌间及其和宿主植物之间的信号分子，感知细菌周围环境、密度的变化，并且能够和宿主植物相互作用，触发植物的免疫体系，诱导植物产生抗病性。JIANG等人的研究结果表明蜡样芽孢杆菌的胞外多糖能够作为一种MAMPs，诱导拟南芥产生对于丁香假单胞菌*pst* DC3000的抗病性。此外，其能够诱导植物自身的免疫防御反应，促进一些诱导抗病代谢物的产生以及增强植物抗性相关基因的表达。

本试验研究了*R. palustris* GJ-22分泌的胞外多糖的结构特征。采用离心、醇沉的方法得到粗多糖，然后采用去蛋白、阴离子交换柱和分子筛凝胶柱对粗多糖进行纯化层析，得到纯多糖。用高效凝胶排阻色谱（HPGPC）对胞外多糖G-EPS分子质量进行测定，用FT-IR分析多糖的糖苷键构型。将多糖进行衍生化后分析单糖的组成，甲基化后确定其连接类型。最后，通过1D NMR和2D NMR对胞外多糖碳和氢的化学位移进行了归属，最终推断出胞外多糖G-EPS的分子结构式，为以后胞外多糖构效关系研究以及胞外多糖结构优化提供理论依据。

6.9.1　实验材料

实验菌株：*R. palustris* GJ-22，于水中分离得到。经过16S rDNA 鉴定为沼泽红假单胞菌。菌株编号CGMCC NO: 17356。菌株在含有60%（*V/V*）甘油中保存，使用时接种于PSB固体培养基中活化培养。

主要试剂：酵母提取粉、琼脂粉、甘油、K_2HPO_4、KH_2PO_4、NaCl、NaOH及其他有机溶剂和无机试剂，均购于国药集团化学试剂有限公司。实验所用的标准单糖以及葡聚糖系列标准品以及三氟乙酸（TFA），乙腈均购于美国Sigma公司。D_2O为NMR用重水，纯度99.9%。Hi Trap Q Sepharose High Performance（1.6 cm × 2.5 cm），琼脂糖凝胶Sepharose CL-6B购于美国GE Health Care Life Science公司。

菌株的发酵培养：*R. palustris* GJ-22为本实验室所保存的菌株。发酵过程如下：将甘油菌涂布于PSB双层固体培养平板中活化培养5天，后挑取单菌落接种到PSB液体培养基培养4天得到种子液，以10%接种量接种到PSB发酵培养基中，30℃，8000 lx光照培养箱中厌氧培养10天。

6.9.2　试验方法

6.9.2.1　胞外多糖的分离提取

将菌株GJ-22发酵液经过$15,000 \times g$，4℃离心50 min，去除残留的菌体和其他不溶性杂质，收集上清液。将上清液经过膜过滤，然后加入两倍体积无水乙醇，搅拌均匀后放入4℃冰箱静置24 h，$10,000 \times g$离心20 min，收集白色沉淀。使用95%的无水乙醇反复洗涤白色沉淀3次，后进行冷冻干燥并称重，得到粗胞外多糖。

6.9.2.2　粗多糖蛋白的去除

粗多糖中杂质蛋白的去除采用Papin和Sevag联合去除法。用Papin蛋白酶处理后，采用Sevag试剂去除残留蛋白。

Papin蛋白酶法：将上述得到的粗多糖溶于适量的去离子水中，加入Papin蛋白酶，调节pH 6.2，60℃水浴下处理6 h，期间每1 h振荡一次，混匀样品。冷却后，以1:2的比例加入无水乙醇，4℃放置12 h。次日，4℃ 10,000×g离心50 min，收集沉淀。

Sevag法去蛋白：将上述经过Papin蛋白酶处理后的多糖溶于适量去离子水中，再加入1/4（V/V）Sevag试剂［氯仿：正丁醇=5：1］。剧烈振荡2 h后，10,000×g离心10 min，将位于水相和有机相中间的变性蛋白去除。取水相重复操作，直至交界处无明显蛋白。重复去蛋白3次。最后将去完蛋白的样品装于截留分子质量8,000~14,000 Da的透析袋中，使用ddH₂O透析2 d，每4 h换水一次，去除小分子化合物和有机溶剂。透析结束后，将样品置于冷冻干燥仪减压浓缩，冷冻干燥。

6.9.2.3　Seharose　CL-6B柱层析的安装

（1）实验所需材料和试剂。室温下配制装柱缓冲液，实验所需缓冲液、ddH₂O以及20%乙醇都经过0.22 μm膜过滤。柱子为XK 16/70，填料为Seharose CL-6B。

（2）凝胶液的配制。室温下，将凝胶原液轻轻颠倒混匀，准确量取184 mL凝胶。静置20 min后，利用膜过滤的方法凝胶原液里面的20%乙醇置换为装柱缓冲液，用缓冲液洗涤凝胶3次。抽干后，用装柱缓冲液悬浮凝胶，配置184 mL凝胶匀浆。

（3）清洗空柱。将柱子内部以及柱子底端先用ddH₂O清洗3次，再用20%乙醇润湿。连接柱子和柱子底端，并向柱子中加入10 mL 20%乙醇，确保柱子底部无气泡。

（4）装柱。将柱子上端连接装柱器，使用水平仪调节柱子，保持柱子完全处于竖直状态，确保装好的柱子不出现条带宽泛。使用玻璃棒引流，将凝胶溶液沿装柱器内壁一次性小心快速倒入柱内，避免产生气泡。最后在装柱器上端补满装柱缓冲液，拧上装柱器顶盖。

（5）连接仪器。连接仪器和柱子顶端柱头，打开柱子底部堵头，设置流速0.4 mL/min，沉降凝胶。

（6）沉降凝胶。待凝胶液面接近稳定时，采用更大流速（压力不超过0.045 Pa）压实凝胶，直至液面不再发生改变。

（7）安装适配器。用堵头将柱子底部堵上，卸下柱子上端装柱器，倒掉装柱器内的缓冲液，用装柱缓冲液补足柱子上端。将经过20%乙醇润洗过的适配器缓慢装入柱子中，直至凝胶液面，运行流速，观察凝胶液面是否发生移动。若液面发生变化，重新调节适配器，直至液面不再发生改变。此时，CL-6B凝胶柱安装完毕。

6.9.2.4　胞外多糖的纯化

阴离子交换柱层析：经过去蛋白后的多糖样品用适量蒸馏水溶解后，过阴离子交换柱进行纯化操作。阴离子交换柱为 Hi Trap Q Sepharose High Performance（1.6 cm × 2.5 cm，GE Healthcare），上样量为 5 mL，上样浓度为 20 mg/mL，流速为 5 mL/min，使用 2 mL 离心管进行全部收集。先用 Tris-HCl（20 mmol/L，pH 7.60）洗涤样品两个柱体积，再使用 0.5 mol/L Tris-HCl 和 0.5 M NaCl 梯度洗脱。采用苯酚–硫酸法逐管检测样品多糖含量，以收集的管数为横坐标，每管在 490 nm 下的 OD 值为纵坐标，绘制洗脱曲线。合并含糖量相同的管数，收集含糖量高的组分。用蒸馏水透析 2 天去除小分子物质，透析结束后，将透析液置于冷冻干燥仪中进行减压浓缩，冷冻干燥，得到纯化后的组分。

Seharose CL-6B 柱层析：将经过阴离子交换柱的多糖样品用平衡液溶解，配制为 20 mg/mL 多糖溶液，离心去除不溶部分。上清经过 0.22 μm 膜过滤后，用注射器推入进样口，上样量为 2 mL。使用洗脱液洗脱多糖 2 个体积，自动收集样品。用苯酚–硫酸法测定每管洗脱液糖含量。合并含糖量相同的管数，蒸馏水中透析 2 天，冷冻干燥，得到纯化后的多糖。

6.9.2.5　多糖含量测定

本试验以葡萄糖为标准品，制作标准曲线，利用苯酚–硫酸法来测定多糖含量。葡萄糖标准品糖含量标准曲线的绘制如下：

（1）精确称取葡萄糖标准品 10 mg 溶于适量 ddH$_2$O 中，摇匀后定容到 100 mL，配制成 100 μg/mL 的葡萄糖标准溶液。

（2）分别取葡萄糖标准溶液（100 μg/mL）0、0.2 mL、0.4 mL、0.6 mL、0.8 mL、1 mL 于干净的试管中，用 ddH$_2$O 补至 1 mL。

（3）向各个试管中分别加入 0.5 mL 6% 苯酚溶液，再加入 2.5 mL 浓硫酸试剂，摇匀后冷却反应 30 min。

（4）分别取 100 μL 测定其在 490 nm 处的吸光值，以葡萄糖溶液的浓度为横坐标，OD_{490} 处吸光值为纵坐标，绘制葡萄糖标准溶液的标准曲线。每个样品 5 个重复。

（5）取多糖样品 1 mg 溶于 10 mL ddH$_2$O 中，摇匀使多糖完全溶解，配制多糖样品溶液。

（6）取多糖溶液 200 μL，使用 ddH$_2$O 补足至 1 mL，加入 0.5 mL 6% 苯酚溶液和 2.5 mL 浓硫酸试剂，摇匀后，冷却反应 30 min，在 OD_{490} 处测定样品吸光值，样品为 5 个重复。

（7）根据样品吸光值，代入回归方程，计算出多糖样品的糖含量。

6.9.2.6　糖苷键构型鉴定

将干燥后的胞外多糖3.0 mg与150 mg KBr充分混匀研磨，压片。在区域600~4,000 cm^{-1}内进行FT-IR光谱的扫描，分辨率为1 cm^{-1}。

6.9.2.7　多糖纯度测定

多糖纯度的测定和一般小分子化合物有所不同，纯化后的多糖分子质量仅在相对的一个质量范围呈正态分布。在该研究中，我们利用高效液相色谱来检测多糖纯度和分子质量。将纯化后的样品G-EPS配制成5 mg/mL水溶液，12,000 r/min离心10 min，上清液经过0.22 μm膜过滤，后将样品转置于1.8 mL进样瓶中，进样量为20 μL。样品经过示差检测器分析后，得到相对较窄且单一峰时，表明样品纯度较高。

6.9.2.8　分子质量测定

精确称取多糖样品和葡聚糖标准品，配制成5 mg/mL水溶液，离心后取上清，上清经过0.22 μm膜过滤后转入上样瓶，进样量：20 μL。测试条件：BRT105-104-102（8×300 mm，Borui Saccharide，Biotech. Co. Ltd.），用不同分子质量（1,152 Da、11,600 Da、23,800 Da、48,600 Da、80,900 Da、148,000 Da、273,000 Da、409,800 Da）的葡聚糖对色谱柱进行标定。色谱条件为：0.03 mol/L NaCl；流速0.5 mL/min；柱温40℃；数据采用Agilent GPC软件分析。根据分子标准保留时间和HPGPC色谱峰形绘制的标定曲线，计算出G-EPS的分子质量。

6.9.2.9　G-EPS单糖组分以及比例分析

G-EPS的单糖组分分析一般常用的是薄层色谱法（TLC），气相色谱法（GC）以及气质联用法（GC-MS）。本研究所用的是GC-MS对G-EPS单糖组成和比例进行测定。将多糖经过酸水解，还原以及乙酰化后得到乙酰化衍生物，后进行GC-MS分析。

胞外多糖G-EPS的水解：取2 mg多糖于反应管中，加入1 mL 2 mol/L TFA溶解，在氮气保护下，110℃水解2 h，使多糖完全水解，然后将水解物与甲醇反复旋蒸5次，完全去除多余的TFA。后加入少量超纯水溶解产物，冷冻干燥备用。

单糖标样和多糖样品衍生物制备：将单糖标准品（鼠李糖、岩藻糖、阿拉伯糖、木糖、甘露糖、葡萄糖、半乳糖）配制成10 mg/mL的单标溶液，再将7种单糖标准品以相同比例混合得到混标溶液。水解后的多糖产物溶于2 mL双蒸水，振荡混匀得到多糖样品。

各取水解后的G-EPS和混标溶液1 mL，先分别加入10 mg NaBH₄还原，冰醋酸中和，然后旋转蒸发，冷冻干燥。将干燥的多糖和标准单糖分别加入1 mL醋酸酐，在100℃条件下进行乙酰化反应1 h，然后与甲醇混合，反复旋蒸5次，以去除多余的醋酸酐。最后，将乙酰化后的样品溶解于3 mL氯仿中，然后加入少量超纯水，剧烈摇晃进行萃取。后弃去上层水相，得到氯仿层。该步骤重复5次。然后用无水硫酸钠对氯仿层进行干燥，定容10 mL。最后的衍生物用0.22 μm膜过滤，后进行GC-MS分析。

GC-MS测定的检测条件：本研究分析采用的是GC-MS（Shimadzu GCMS-QP 2010）对乙酰化产物样品进行测定，配备的色谱柱为RXI-5 SIL MS色谱柱（30×0.25×0.25 mm）；程序升温条件为：起始温度120℃，以3℃/min升温至250℃，保持5 min；进样口温度为250℃，检测器的温度为250℃/min，载气为氦气，流速为1 mL/min。最后对比单标和混标保留时间，确定单标保留时间，和多糖样品峰图保留时间比对，确定多糖中单糖组成，根据多糖峰面积来确定单糖种类的含量。

6.9.2.10　甲基化分析

甲基化反应：G-EPS的甲基化分析采用CIUCANU所述的方法。简单地说，将G-EPS（10 mg）用超声波完全溶解于二甲基亚砜（DMSO）中，然后在N₂保护下，向溶液中缓慢加入200 mg氢氧化钠粉末（NaOH），然后在室温冰浴中缓慢滴加1.5 mL碘甲烷（CH₃I）中，常温孵育30 min。然后向溶液中加入ddH₂O，终止甲基化反应的进行。

甲基化多糖乙酰化反应：首先，向甲基化产物中加入2 mol/L TFA（1 mL），在110℃条件下水解2 h，加入少量甲醇，利用旋转蒸发器去除多余的酸。再将甲基化样品溶于水中，加入50 mg NaBH₄，室温条件下还原8 h，使用冰醋酸进行中和反应，最后利用旋转蒸发器进行浓缩。甲基化样品在100℃下加入乙酸酐1 h进行乙酰化，冷却至室温后加入甲醇，旋转蒸发5次去除多余的乙酸酐。甲基化样品用氯仿萃取，定容至10 mL。进行GC-MS分析。

GC-MS分析的条件：RXI-5 SIL MS 色谱柱30 mm×0.25 mm×0.25 mm；程序升温条件为：起始温度120℃，以3℃/min升温至250℃，保持5 min；进样口温度为250℃，检测器温度为250℃/min，载气为氦气，流速为1 mL/min。

6.9.2.11　NMR分析

核磁共振光谱法是分析多糖糖苷键构型和连接方式的最佳方法，通过核磁共振波谱法获得了G-EPS的结构信息。冻干后G-EPS溶于99.9%的D_2O中，离心、冻干，反复几次，以充分置换样品中的氢。室温下使用瑞士Bruker AMX 600 NMR谱仪记录1D和2D NMR数据。

6.9.3　结果与分析

6.9.3.1　胞外多糖的纯化

脱蛋白后的多糖经阴离子交换层析和分子筛凝胶层析得到纯化多糖。去过蛋白的胞外多糖首先通过QHP层析柱进行分离，经过Tris–HCl和不同浓度NaCl溶液进行梯度洗脱，然后利用苯酚–硫酸法，检测每管收集产物糖含量检测。以OD_{490}处的吸光值作为纵坐标，管数作为横坐标，绘制EPS的洗脱曲线。如图6-2所示，在0.2 mol/L浓度下检测到了一个近似对称的洗脱峰（G-EPS），将主峰组分合并，用蒸馏水透析48 h，后冷冻干燥。另外一个洗脱峰由于浓度太低，不做进一步分析。

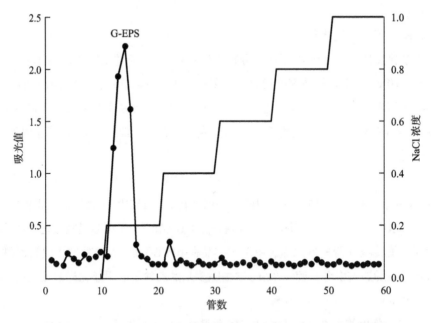

图6-2　*R. palustris* GJ-22胞外多糖G-EPS阴离子柱层析洗脱曲线

将经过Q阴离子柱纯化后的多糖重溶于蒸馏水，经过0.22 μm膜过滤后，进一步用Sepharose CL-6B分子筛层析柱进行纯化。如图6-3所示，检测结果显示有一单一洗脱峰，说明G-EPS只含有一种分子质量相近的多糖。

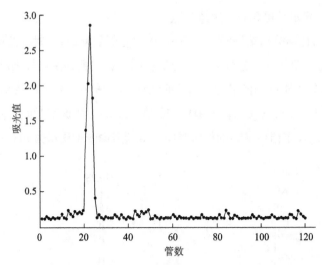

图6-3 *R. palustris* GJ-22胞外多糖G-EPS分子筛柱层析洗脱曲线

6.9.3.2　FT-IR光谱分析

　　本研究利用FT-IR光谱分析G-EPS的糖苷键构型，得到的红外光谱如图6-4所示。在3,393 cm^{-1}和3,289 cm^{-1}处各有一强峰，分别为—OH伸缩振动和C—H键伸缩振动峰，在1,113 cm^{-1}处的峰属于C—O—C的伸缩振动，这是多糖的典型结构，表明多糖存在吡喃环。在1,649 cm^{-1}和1,553 cm^{-1}处的谱峰属于H—O—H和C—H的弯曲振动。在1,400 cm^{-1}处的条带是由C—H键弯曲振动引起的。此外，在831 cm^{-1}处的强吸收表明α-构型甘露糖的存在。这进一步证实了G-EPS是具有α-构型甘露糖单元的多糖。

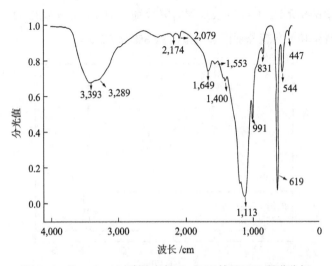

图6-4 *R. palustris* 胞外多糖G-EPS的FT-IR图谱分析

6.9.3.3 多糖纯度和分子质量测定

根据HPLC色谱分离结果所示（图6-5），色谱图中仅有一对称的单峰，表明多糖G-EPS为纯多糖，可以进行下一步分析。同时，根据葡聚糖标准品HPLC结果，得到了葡聚糖分子质量和保留时间标准曲线$y=-0.196\,9x+12.469$，$R^2=0.994\,9$。y为葡聚糖标准品分子质量，x为葡聚糖标准品在色谱图中的保留时间。基于葡聚糖标准品回归方程以及多糖G-EPS的保留时间，得到多糖分子质量为10.026 kDa。

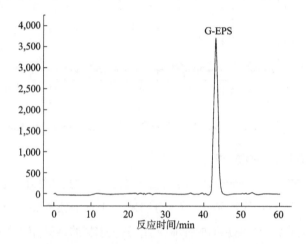

图6-5 *R. palustris* 胞外多糖分子质量测定

6.9.3.4 G-EPS单糖组分以及比例分析

经过水解和衍生化的多糖样品以及单糖标准品产物用GC-MS分析G-EPS的单糖组成。如图6-6所示，G-EPS反应混合峰分别为31.752 min和32.023 min，为杂多糖，其中甘露糖和葡萄糖分别占总质量的92.8%和7.2%。

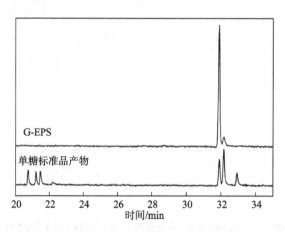

图6-6 *R. palustris* 胞外多糖G-EPS单糖组分分析

6.9.3.5　甲基化分析

为了获得多糖连接方式，多糖G–EPS经过甲基化反应后进行GC–MS分析。根据图6–7所示，多糖G–EPS一共有5个不同连接方式单糖单元存在。

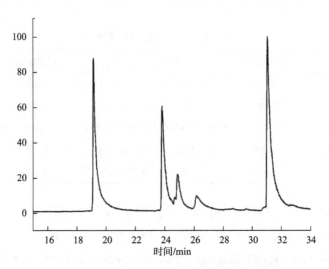

图6–7　*R. palustris* 胞外多糖甲基化分析结果

根据G–EPS气相色谱–质谱（GC–MS）的保留时间及碎片离子峰数据，多糖G–EPS连接方式总结如表6-1所示。G–EPS的结构一共包含5种不同连接方式单糖单元，包括大量的1,5–di–O–acetyl–2,3,4,6–tetra–O–methyl–mannitol和1,2,5–di–O–acetyl–3,4,6–tetra–O–methyl–mannit –ol，表明存在（1→）连接甘露糖和（1→2）连接甘露糖。此外，还发现了1,3,5–di–O–acetyl–2,4,6–tetra–O–methyl–mannitol和1,5,6–di–O–acetyl–2,3,4–tetra–O–methyl–mannit –ol，表明存在（1→3）和（1→6）连接甘露糖。同时，1,2,5,6–di–O–acetyl–3,4–tetra–O–methyl–mannitol也存在于G–EPS结构中，表明G–EPS也含有（1→2,6）连接甘露糖。因此，G–EPS主要是由甘露糖组成，分别为（1→）连接甘露糖，（1→2）连接甘露糖，（1→3），（1→6）连接甘露糖和（1→2,6）连接甘露糖，摩尔比分别为3.1∶2.0∶0.8∶0.6∶3.5。

6.9.3.6　NMR表征分析

由于多糖结构复杂多样性，NMR在多糖分子结构表征分析中占据着强有力的地位。本研究在甲基化分析结果的基础上，进一步利用核磁共振波谱分析来了解G–EPS的结构特征。^{1}H–NMR对G–EPS的化学结构分析至关重要。在G–EPS的 ^{1}H–NMR谱图（图6–8A）中，H谱的信号主要集中在3.0~5.5 ppm。异头碳信号分别在5.23、5.09、5.05、5.00和4.85 ppm，分别标记为A、B、C、D、E，表明存在α–

构型吡喃环（$\sigma>5.0$）。而4.85 ppm处质子信号峰，表明存在β-吡喃环构型（$\sigma<5.0$）。因此，多糖G-EPS以α-构型吡喃糖为主，少量β-构型吡喃糖单元。而处于3.2~4.0 ppm的信号峰则归属于H2-H6。

表6-1　G-EPS甲基化MS数据表

甲基化糖	保留时间	质量碎片（m/z）	摩尔比率	连接类型
2,3,4,6-Me$_4$-Man$p$	19.176	43, 71, 87, 101, 117, 129, 145, 161, 205	0.310	Man$p$-1→
3,4,6-Me$_3$-Man$p$	23.839	43, 87, 129, 161, 189	0.202	←2-Man$p$-1→
2,4,6-Me$_3$-Man$p$	24.877	43, 71, 87, 99, 101, 117, 129, 159, 16	0.079	←3-Man$p$-1→
2,3,4-Me$_3$-Man$p$	26.166	43, 87, 99, 101, 117, 129, 161, 189	0.055	←6-Man$p$-1→
3,4-Me$_2$-Man$p$	31.027	43, 87, 99, 129, 189	0.354	←2,6-Man$p$-1

根据G-EPS的^{13}C NMR信号谱图显示（图6-8B），碳谱信号主要集中在60~80 ppm，95~104 ppm区域，表明该多糖以α-构型为主。异头碳信号峰出现在103.54 ppm(A)、103.43 ppm(B)、101.89 ppm(C)和99.62 ppm(D)。在其他信号峰中，82~88 ppm没有信号，说明所有的糖残基都是吡喃糖，这与FT-IR的结果一致。G-EPS中C2取代甘露糖残基位移分别为80.12和79.67 ppm。另外，根据DEPT^{135}光谱（图6-8C）的结果显示，66.74 ppm的信号来自C-6取代甘露糖连接，62.16 ppm的信号来自于未取代甘露糖连接的C-6。

HSQC谱（图6-8E）反映了H-C耦合的归属，相当于^{1}H-^{13}C的COSY谱。结合光谱^{1}H-^{1}H COSY（图6-8D）和HSQC，在5.23 ppm的异头氢和101.89 ppm的异头碳信号呈现相关。根据HSQC光谱，5.23 ppm、4.06 ppm、3.86 ppm、3.79 ppm、3.65 ppm和3.69 ppm的质子信号分别与异头碳101.89 ppm、79.67 ppm、71.62 ppm、67.74 ppm、74.63 ppm和62.16 ppm相关。这些残基分别归属于H1/C1、H2/C2、H3/C3、H4/C4、H5/C5、H6a/C6。根据这些化学变化，可以推断这些信号为(1,2)连接的甘露糖残基。同理，5.09 ppm的异头氢与103.54 ppm的异头碳信号相关，表明其为α-构型。4.03/71.55、3.95/79.30、3.60/68.40、3.78/74.75、3.69/62.16信号被分配到(1,3)-Man$p$的H2/C2、H3/C3、H4/C4、H5/C5、H6a/C6。残基(1,2,6)-Man$p$的H1/C1、H2/C2、H3/C3、H4/C4、H5/C5、H6a/C6的质子和碳信号峰分别为5.05/99.62、3.98/80.12、3.86/71.58、3.60/68.06、3.78/74.52、3.96/66.74。

根据^{13}C NMR谱，103.43、70.95、71.82、67.87、74.71、62.16 ppm的强信号来源于C1~C6，并将5.00/103.43、4.17/70.95、3.78/71.82、3.66/67.87、3.74/74.71、

3.69/62.16 ppm 的 HSQC 交叉信号进行关联，推断为(1→)-Man$p$ 的残基。根据甲基化分析，信号在 4.85 ppm，100.83 ppm 的 H1 和 C1 归属于(1→6)-Man$p$ 残基，和其他质子化学位移为 3.94 ppm (H2)，3.80 ppm (H3)，3.65 ppm (H4)，3.78 ppm (H5) 和 3.99 ppm (H6a)，而 ^{13}C NMR 信号在 71.42 ppm (C2)，71.95 ppm (C3)，68.03 ppm (C4)，74.53 ppm (C5) 和 66.74 ppm (C6)。结合 ^{1}H NMR、^{13}C NMR、^{1}H–^{1}H COSY 和 ^{1}H–^{13}C HSQC 光谱的数据，所有 H 和 C 的化学位移分配到表6–2中。

表6–2　胞外多糖G-EPS的C和H化学位移归属表

糖基残基	H1	H2	H3	H4	H5	H6a	H6b
	C1	C2	C3	C4	C5	C6	—
→2,6-Man-1→	5.05	3.98	3.86	3.60	3.78	3.96	3.71
	99.62	80.12	71.58	68.06	74.52	67.20	—
→6-Man-1→	4.85	3.94	3.80	3.65	3.78	3.88	3.71
	100.83	71.42	71.95	68.03	74.53	67.20	—
→2-Man-1→	5.23	4.06	3.86	3.79	3.65	3.69	3.82
	101.89	79.67	71.62	67.74	74.63	62.16	—
→3-Man-1→	5.09	4.03	3.95	3.60	3.78	3.69	3.82
	103.54	71.55	79.30	68.40	74.75	62.16	—
Man-1→	5.00	4.17	3.78	3.66	3.74	3.69	3.82
	103.43	70.95	71.82	67.87	74.71	62.16	—

根据HMBC谱图，得到了多糖G-EPS中，单糖间的连接次序（图6–8 F）。（1→3）连接甘露糖的异头氢信号（5.09 ppm）与（1→2）连接甘露糖的C2（79.67 ppm）相关，确定G-EPS的结构为3-Man$p$-1→2-Man$p$-1。（1→2）连接甘露糖的H1（5.23 ppm）与（1→2,6）连接甘露糖的C2（80.12 ppm）相关，表明2-Man$p$-1→2,6-Man$p$-1。（1→2,6）连接甘露糖的H1（3.98 ppm）信号与C2（80.12 ppm）的信号相关，因此推测→2-Man$p$-1→2,6-Man$p$-1→的连接次序。（1→2,6）连接甘露糖H-1信号（3.98 ppm）与C2（80.12 ppm）的信号相关，推测→2,6-Man$p$-1→2,6-Man$p$-1→的连接顺序。（1→）连接甘露糖的H-1（5.00 ppm）与（1→2,6）连接甘露糖的C-2（80.12 ppm）具有相关性，从而确定了→Man$p$-1→2,6-Man$p$-1→的结构片段。（1→2）连接甘露糖H1（5.23 ppm）和（1→3）连接甘露糖C1（103.54 ppm）信号相关，推定→2-Man$p$-1→3-Man$p$-1→片段。（1→6）连接甘露糖的H1（4.85 ppm）的信号与（1→3）连接甘露糖C1（103.54 ppm）信号具有相关性，表明其片段为→6-Man$p$-1→3-Man$p$-1→。对3.98 ppm时的C–2信号和66.74 ppm时的C–6信号

进行相关联分析，将3.96 ppm时的信号H6a与66.74 ppm时的信号进行相关，从而推导出→2,6-Man*p*-1→6-Man*p*-1→的连接关系。由此推测多糖G-EPS的主链主要为→6-Man*p*-1→3-Man*p*-1→2-Man*p*-1→2,6-Man*p*-1→2,6-Man*p*-1→Man*p*-1。

根据谱图NOESY（图6-8G），Man*p*-1→的异头氢与→6-Man*p*-1→的H6b有相关峰，表明存在Man*p*-1→6-Man*p*-1→。6-Man*p*-1→的异头氢与→2,6-Man*p*-1→的H6b有相关峰，表明存在→6-Man*p*-1→2,6-Man*p*-1→。

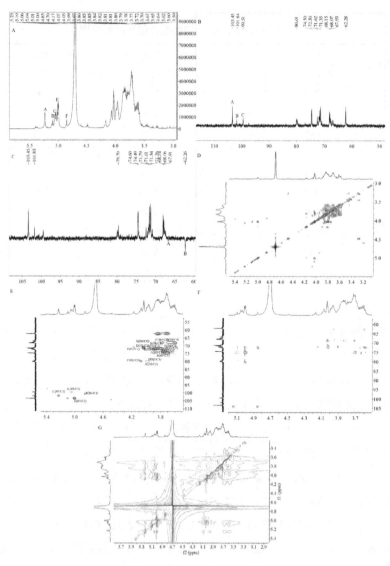

图6-8　G-EPS NMR表征分析

A–¹H NMR图谱；B–¹³C NMR图谱；C–HSQC图谱；D–HMBC图谱；E–HSQC图谱；F–HMBO图谱；G–NOESY图谱

结合FT–IR、甲基化分析、^{1}H NMR、^{13}C NMR信号、DEPT^{135}、^{1}H–^{1}H COSY、HSQC、HMBC和NOESY光谱等结果，多糖G–EPS结构的一个可能重复序列如图6–9所示。

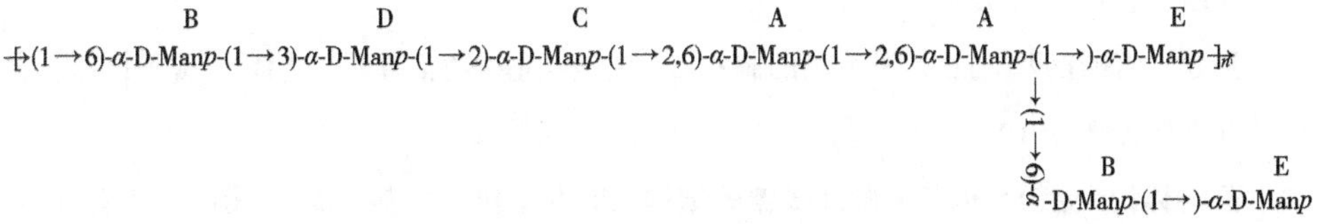

图6–9 G–EPS分子结构式

6.9.4 本章小结

本章主要是采用离心、乙醇沉淀的方法从沼泽红假单胞菌GJ–22发酵液中提取到了胞外多糖G–EPS，经过去蛋白，阴离子交换柱和分子筛凝胶层析柱纯化，得到了一个单一组分，命名为G–EPS。经过HPGPC分析其多糖纯度以及分子质量，结果显示胞外多糖G–EPS为均一多糖，分子质量大小为10.026 KD。经过傅里叶转换红外光谱仪测定胞外多糖G–EPS糖苷键构型，结果显示G–EPS为α–构型甘露糖单元的多糖。通过GC–MS分析多糖的单糖组分，结果显示，胞外多糖G–EPS是由甘露糖和葡萄糖两种单糖组成的，两种单糖所占比例分别占为92.8%和7.2%。多糖G–EPS样品经过甲基化、乙酰化后，结果显示胞外多糖G–EPS是由5种不同连接方式单糖单元组成的多糖，分别为（1→）连接甘露糖，（1→2）连接甘露糖，（1→3），（1→6）连接甘露糖和（1→2,6）连接甘露糖，摩尔比分别为3.1∶2.0∶0.8∶0.6∶3.5。最后根据NMR分析数据，结合甲基化、红外数据，最终推断出了沼泽红假单胞菌GJ–22胞外多糖G–EPS的分子结构式。

参考文献

［1］李欧. *Paenibacillus elgli* B69胞外多糖结构鉴定及生物合成途径研究［D］. 杭州：浙江大学，2014.

［2］徐春兰. *Enterobacter cloacae* Z0206富硒多糖的制备、结构分析及其主要生物学功能研究［D］. 杭州：浙江大学，2008.

［3］冯美琴. 植物乳杆菌胞外多糖发酵、结构鉴定及其功能特性研究［D］. 南京：南京农业大学，2012.

［4］严胜平. CP5型金黄色葡萄球菌荚膜多糖的提取纯化与鉴定［D］. 武汉：华中农业大学，2008.

［5］张文平. 植物乳杆菌LPC-1胞外多糖发酵、结构解析及诱导水稻抗逆性研究［D］. 南昌：江西农业大学，2019.

［6］张鹏. 沼泽红假单胞菌胞外多糖的制备、结构表征基生物活性研究［D］. 咸阳：西北农林科技大学，2019.

［7］蔡国林，解淀粉芽孢杆菌胞外多糖的结构及其益生作用机制［D］. 无锡：江南大学，2020.

第7章　诱导植物抗性研究进展

7.1　植物病毒病

植物病毒病是能够对多种农作物带来严重的危害，其防治较为困难。农作物一旦被植物病毒侵染后，不仅植物体自身生长代谢活动会受到干扰及破坏，对农产品的产量和质量也会带来巨大的损失。每年全世界因植物病毒病的侵害均会损失200亿美元，而我国作为一个农业大国，更是深受植物病毒病危害的困扰，每年直接造成100亿元的损失，其中最为严重的为烟草花叶病毒（*tobacco mosaic virus*, TMV）、黄瓜花叶病毒（*cucumber mosaic virus*, CMV）以及番茄褪绿病毒（*tomato chlorosis virus*, ToCV）等，严重危害着我国农作物的生长以及产品质量。

植物病毒病的分类主要有国际病毒分类委员会对病毒的确认和分类。近年来，随着技术的发展，病毒种类和数量也在不断的丰富。对于植物病毒病的研究主要集中在以下5个方面：一是对植物病毒病的DNA和RNA类型进行研究；二是研究构成病毒的核酸是单链或者是双链的；三是病毒粒子核酸是否有分段的现象；四是病毒粒子的表面形态；五是在病毒粒子中是否有脂蛋白包膜的存在。目前，国际病毒委员会公布出的一共有15个科的病毒，植物病毒为977种，其中13个科为RNA病毒，占总病毒的85.36%。也可以根据病毒核酸的类型，将植物病毒分为六大类，分别为双链DNA病毒、单链DNA病毒、双链RNA病毒、负链RNA病毒、正单链RNA病毒以及反转录ssRNA病毒类群等。

在众多植物病毒病中，烟草花叶病毒（*tobacco mosaic virus*, TMV）为最典型的病毒之一，对世界各地烟草以及番茄等作物都产生严重的危害，带来了巨大的损失。当植株被TMV病毒侵染后，会引起植株叶片畸形，阻碍叶绿素的合成，进而影响植株的光合作用，降低农作物的产量和质量，造成较大的经济损失。另外TMV病毒的传播不需要生物体作为其介质，主要依靠植株间接触进行病毒的传播，且对外界环境具有较强的适应性和抵抗力。

马铃薯Y病毒（*potato virus Y*, PVY）也是一种在农作物种植中常见的植物病毒。当马铃薯植株被PVY病毒侵染后，植株底部的叶片会出现轻度花叶的现象，上部的叶片会萎缩、变小，叶脉间会褪绿成花叶。若是番茄植株被PVY病毒侵染，会引起番茄叶片萎缩，叶片变成花叶，植株茎部、叶脉以及叶柄上会出现大小不一的病斑，进而威胁植株的生长，影响农作物产品的产量，降低其品质。PVY病毒的传播主要是以桃蚜类的蚜虫作为传播介质以非持久的方式进行传播的。

黄瓜花叶病毒（*cucumber mosaic virus*, CMV）作为一种寄主范围较为广泛的病毒，发生频率极高，能够和其他病毒对植株进行复合侵染。当植株被CMV病毒侵染后，植株叶片会逐渐褪绿呈花叶，叶片会出现畸形、蕨叶，许多植物均能受到该病毒的侵害。CMV病毒寄主广泛，且传播媒介众多，传毒的效率也极高，因此给防治带来了很大的困难。

大麦黄矮病毒（*barley yellow dwarf virus*, BYDV）是麦类作物危害最严重的病害之一，能够侵染的农作物达100多种。其典型特征是植株被该病毒侵染后，从叶片顶端开始发黄，逐渐延伸到叶片基部，危害严重时，叶片全部枯黄，影响农作物的光合作用，产量急剧降低。BYDV的传播主要依靠蚜虫持久性以及巡回性的传播。

南方菜豆花叶病毒（*southern bean mosaci virus*, SBMV）是一种在蔬菜中常见的病毒病，其主要对菜豆以及豇豆发生侵染作用。侵染后会引起蔬菜叶片变成花叶以及出现斑驳。SBMV病毒的侵染主要依靠叶甲进行传播，具有较强的传播效率。

7.2 植物诱导抗病性

7.2.1 植物的系统抗性

植物在复杂的生长过程中，经过长期和病原物协同进化，逐渐形成一套复杂而又有效的防御机制抵御病原物入侵。根据植物防御的性质不同，可将植物的防御系统分为三类，分别为固有防御系统、基础免疫系统和系统免疫等。固有的免疫系统主要是指植物表面的一些物理屏障，例如，植物细胞外层的蜡质层、植物细胞壁以及表面的油脂等物质，还有定殖于植物表面的微生物分泌出的次级代谢产物等，共同组成了植物体的第一道物理屏障，保护植株免受病原菌的侵染。但当病原菌冲破了植株的第一道屏障后，随即会触发植物的第二道免疫防御反应，即基础免疫系统。当病原菌冲破第一道防御系统后，基础免疫系统能够迅速做出一系列防卫反应，抵抗病原菌的入侵。病原菌在感染植物后，能够产生一系列系统的信号分子，未侵染的部位感收到信号分子后，会做出相应的防御反应，抵抗病原菌的入侵。这种抗性在病原菌入侵后能够做出更为强烈的防卫反应，也成为植物的系统免疫防御反应。

但是植物的免疫防御机制需要外界物质诱导才能充分表达出来，也称为植物诱导抗病性。植物的诱导抗病性是指利用生物激发子或非生物激发子对植株进行处理，从而使植株局部或系统产生抗性。但若是对植物进行不合时宜的刺激，激活植株的免疫防御反应，不但不能增强植物的诱导抗病性，还会对植物的生长带来严重的影响，甚至会导致植株死亡。因此，要根据病原菌对植株的入侵情况，对植物免疫防御反应进行适时的激活，来抵抗病原菌的侵染。而在这个过程中，植物能够识别大部分的病原菌，激发自身免疫防御反应，抵抗病原菌的入侵。病原菌为了逃避宿主植物对其识别，会分泌出大量的效应蛋白，来破坏植物的防御反应系统。研究者们对病原微生物和植物之间互作关系进行了大量的研究，结果表明植物可以利用自身的模式识别受体（parrern recognition receptors, PRRs）对病原体相关分子模式（microbial or Pathogen-associated molecular patterns, MAMPs or PAMPs）进行识别，称为PTI抗病反应，抵抗病原菌的入侵。而病原物也会分泌出相关的效应蛋白抑制植物的PTI反应，促进自身对植物的入侵，获得营养物质，而植物识别MAMPs后，可以诱导植物一系列的反应，例如活性氧的迸发、MAPK级联反应、钙离子内流以及一些次级代谢产物和病程相关蛋白的分泌等，来抵御病原菌的入侵。

PTI识别：病原物的PTI反应首先是植物对PAMPs的识别，一般常见的PAMPs主要是一些细菌鞭毛蛋白flg22，脂多糖以及真菌的几丁质等物质。现在人们根据图位克隆技术，鉴定到了多种PAMP相关的分子受体，如FLS2受体、EFR受体以及能够对真菌几丁质进行识别的CERK I受体等。通常受体并非是以单个的形式发挥作用的，常以复合体的形式进行下游通路信号的传递。例如，受体BAKI常于FLS2受体进行复合作用。BIK受体也能和FLS2或者ERF相互作用，形成复合体，参议PTI反应。另外还存在一种类似PAMPs分子也能激发PTI反应，这种物质成为DAMP。DAMP主要为病原菌在病原体酶的作用下长生的一类降解产物，如角质素单体、植物内源肽等物质。

钙离子内流：植物在识别MAMP之后会激发钙离子迸发反应。当植物中的

PRRs受体感知到PAMP分子后，钙离子能够在短暂的时间内从细胞外内流到细胞质中。目前，虽说人们对钙离子内流机制了解得不是很清楚，但也做了大量的研究。有研究表明在拟南芥中存在两个核苷酸门控通道蛋白，分别为CNGC2和CNGC4，在钙离子内流反应中发挥着不可替代的作用。通常情况下，这两个蛋白能够相互作用，形成一个钙离子通道，当植物被病原菌侵染时，BIKI激酶能够激活形成的蛋白复合体，进而增加内流的钙离子浓度，引起离子流的运动，进而引发细胞外液发生碱化和细胞质膜去极化。另外，有研究证实，钙离子的水平受到参与PAMP反应的蛋白ACA10和FLS2的调节。同时，MAPK级联反应也参与了钙离子的水平调节。利用MAPKKs对其进行抑制处理，发现钙离子浓度显著降低。

活性氧迸发：活性氧（ROS）主要是由超氧离子（$\cdot O_2^-$）、过氧化氢（H_2O_2）以及羟基自由基（$\cdot OH$）等构成的。在植物感知到PAMP分子后，会激发植株体内活性氧的急速积累。对于这一反应过程，人们也进行了大量研究。结果表明在拟南芥中，丁香假单胞菌能够依赖识别受体FLS2来激活活性氧的迸发。活性氧的迸发主要是受到NADPH氧化酶RBOHD的影响。在反应过程中，RBOHD能够和受体蛋白FLS2以及EFR发生结合作用，在被植物识别后，通过钙离子诱导的蛋白激酶以及BIK1磷酸化，并被激活，导致氧迸发反应。另外，有报道称氧迸发反应的发生能够促进钙离子的流动。

目前研究表明，植物诱导抗性存在两种主要的形式：一是由病原微生物诱导产生的系统获得抗性（systemic acquired resistance，SAR），二是由有益微生物介导的诱导系统抗性（induced systemic resistance，ISR）。两种诱导抗性在表型上表现相似，但在信号转导及诱导免疫机制等方面存在较大差异。ISR反应大多是从根部诱导产生的抗性，其介导分子物质一般是茉莉酸和乙烯，而SAR反应通常是从植物叶际诱导产生的抗性，其介导的分子物质是水杨酸。

7.2.2　系统获得抗性（SAR）

当植物局部受到病原菌侵染时，体内会产生一些信号传递到其他未侵染部位，导致整株植物产生抗性称为系统获得抗性（systemic acquired resistance，SAR）。系统获得抗性是由水杨酸（salicylic acid，SA）介导产生的，并增强了病程相关蛋白PR1的表达。PR1蛋白的诱导表达被当作是SAR的标志基因。植物对病原物的基本防御是通过多层防御实现的。当病原菌侵染植物后，植物会识别病原体或微生物相关分子模式（PAMPs or MAMPs），激活相关分子模式触发免疫（pattern-triggered immunity，PTI）。当病原菌干扰PTI时，植物会启动第二道防线，形成更具有特异性的识别机制，即病原效应分子相关分子模式触发免疫（effector triggered immunity，ETI）。SAR的发生是通过激活PTI或ETI积累SA，诱导基因*PR1*的表达。在病原菌侵染的条件下，经过SAR激活的植株对病原菌的生产抑制更加明显，且SAR的抗病性具有广谱性，不仅仅能够抑制病原菌的生长，对病毒、真菌、卵菌以及细菌都有较好的抑制效果（图7-1）。

水杨酸水平的升高是SAR被激活的重要特征之一，同时也伴随着一系列抗病基因的表达。SAR的可以被很多物质所激活，包括苯丙噻二唑（BTH）以及6-二氯吡啶-4-碳酸（INA）都可以诱导SAR反应的发生，激活PR基因的表达。水杨酸在SAR反应中发挥着重要的作用。研究表明NahG能够将SA进行转化，生成邻苯二酚，因此对于NahG的植株来说，不存在SA的累积。更深入的研究发现，当NahG的植株受到病原菌侵染时，并不能诱导SAR反应的发生以及PR基因的表达，且对多种病原菌都不具备相应的抗性。因此，SA被认为是SAR反应历程极为重要的特征。Priming也能够激发SAR反应。研究发现一些低浓度的化学物质，例如BTH以及SA对抗病基因的激活作用并不是直接影响的，而是在病原菌侵染的条件下，激活PAL以及PR基因的表达，来增强植物抗病性能。

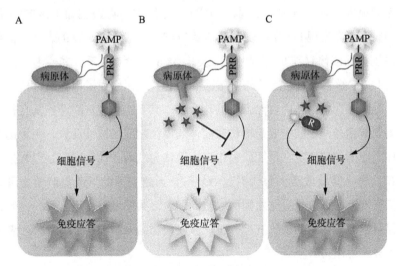

图7-1　植物免疫图

A-PAMP触发免疫反应；B-效应触发感应；C-效应出发免疫

模式识别受体主要是指受体蛋白激酶（RLKs)以及受体蛋白（RLPs)。受体蛋白由单程跨膜区、配体结合胞外区以及胞内激酶结构域三部分构成的，而受体蛋白激酶则只有单程跨膜区以及配体结合胞外区构成。同时，在植物体内存在着能够识别不同病原体的模式受体。最早被鉴定为模式识别受体的为受体激酶FLS2，其能够识别细菌鞭毛蛋白中的一段保守序列flg22。另一个和FLS2类似的模式识别受体为EFR。EFR能够特异性地识别细菌N端的一段保守序列。这两类的模式识别受体都可以识别一段富含氨基酸的重复序列，并能够对细菌以及肽类物质MAMPs进行特异性地识别。另一种属于寡糖类MAMPs，主要以几丁质、肽聚糖、卵菌以及真菌作为代表，这类受体的识别位点是赖氨酸基序，也称为LysM受体蛋白激酶或者LysM受体蛋白。目前，人们已经从多种作物中分离得到了多种病原菌模式受体。研究发现，将拟南芥中LRR受体激酶BAK1进行敲除，进行突变体的构建，结果发现突变体植株抗病毒能力显著降低，因此表明MAMPs和模式受体的相互作用的确存在于病毒和植物互作之中，并参与植物的抗病防御反应。除此之外，R蛋白能够和病原物中的无毒效应因子进行特异性地识别，激活ETI，以此来将下游信号激活。

7.2.3 诱导系统抗性（ISR）

诱导系统抗性是由非病原菌诱导产生，无需激活防御反应，能够在病原菌入侵时迅速启动免疫反应。与SAR不同，ISR的激发依赖茉莉酸/乙烯（JA/ET）信号通路进行调控。研究发现JA/ET可以诱导基因*PDF1.2*和基因*Thi2.1*的表达。但是，虽说诱导系统抗性依赖JA/ET，但和JA以及ET含量却没有关系。其原因可能是植物提高了对JA/ET敏感性，激活了防御基因的表达，从而增强了植物系统抗性。茉莉酸作为一种能够在植物体内自然合成的化合物，其和水杨酸抗病途径具有较大的差异性。茉莉酸途径介导的主要是植物对死体病原菌之间的抗性反应，而水杨酸则介导的活体病原菌的抗性。在早期研究中，大都认为这两条信号通路是存在拮抗作用的，一条信号通路的激活，必会引起另外一条通路基因的下调。但随着研究的深入，人们发现这两种信号通路之间可以协同配合，共同发挥作用。即一些生物激发因子不仅可以诱导植物的系统抗性，也能激发植物的系统获得性抗性，两者之间可以相互配合，协作共赢。

ISR作为一种生物防控机制，通过这种机制，一些有益微生物能够诱导植物，增强植物免疫防御反应，抵抗外来病原体的侵染。例如，一些假单胞菌、芽孢杆菌、木霉属以及一些真菌等都可以诱导植物系统抗性。这些微生物可以产生一些激发子，包括抗生素、鞭毛蛋白、AHL以及表面活性剂等物质，诱导植物抗病性。一且这些特异性的激发子被植物局部感知，就会激活一条信号通路，并做出相应的防御反应。随后，局部反应会转变成整个系统的防御反应。和SAR防御反应相同的是，ISR也可以产生一种信号分子，激活远距离植物组织免疫反应。和SAR不同的是，植物在ISR反应早期PR1蛋白的含量并未增加，在受到病原体第二次侵染后，能够触发JA/ET信号通路，增强植物的防御反应（图7-2）。

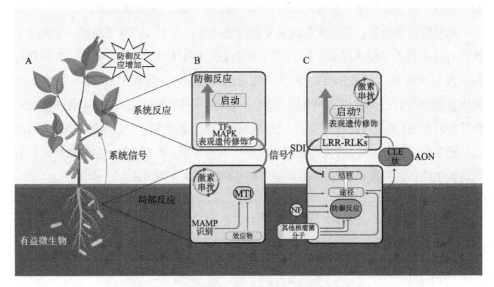

图7-2　有益微生物诱导系统抗性防御反应图

A- 生物胁迫；B-ISR反应；C-ISR类似反应

7.3　植物防御反应信号通路

植物受到病原菌入侵时，会产生一系列小分子物质增强自身防御反应，抵抗病原菌的入侵，主要是一些水杨酸、茉莉酸、乙烯以及脱落酸等物质，在植物生长繁殖以及抗病抗逆等方面发挥着重要的作用。

水杨酸信号途径：当病原菌侵染植物后，植物会分泌出水杨酸来抵抗病原菌的侵染。在植株被病原体侵染时，会积累大量的水杨酸，激活和抗病相关的PR基因的表达，获得相应的抗性。研究证明，通过外源施用SA，也能够增强植株对病原菌的防御能力。水杨酸作为酚类化合物的一种，合成途径主要可分为两种：一种为PAL介导的途径。研究者们发现将烟草中的PAL基因沉默后，植株中SA的积累水平显著降低，诱导抗病性也显著减弱。另一种方式为酶介导合成的途径。在细菌中存在着两种酶，分别为ICS和IPL，这两种酶能够介导水杨酸的合成。另外，研究表明在拟南芥中存在着两个*ICS*基因，分别为*SID2*和*EDS16*。*SID2*基因的过表达能够激发SAR反应的发生，但对于不同合成SA的突变体菌株SID2以及EDS16，并不能触发SAR反应的进行。另外拟南芥中EDS5以及PBS3在SA合成中也发挥着巨大的作用。EDS5能够将异分支酸合成酶从质体输入胞液中，随后PBS3再将其进行代谢，生成谷氨酸类的异分支酸合成酶，再经过自发水解，生成水杨酸。

水杨酸信号转导：关于水杨酸信号传递的研究，前期人们鉴定到了一个突变体植株npr1不能诱导SAR反应，而过表达的植株抗性均得到了增强。因此，人们在初期认为SA的受体可能是NPR1。但后来随着研究的深入，发现NPR1并不能够和SA发生直接结合。另一种说法是NPR1能够对SA信号进行响应主要是SA能够通过氧化反应对NPR1的核转运进行控制。在植物受到病原菌侵染时，会导致NPR1之间的二硫键发生断裂，NPR1单体得到释放，进入细胞核中。然后NPR1能够和转录因子TGA发生结合，激活和SA相关的免疫防御基因的表达（图7-3）。

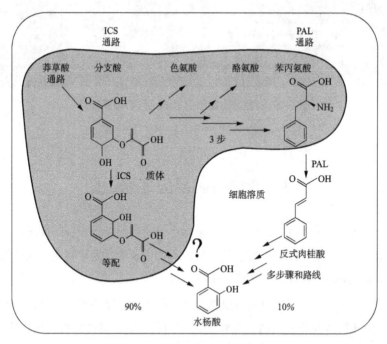

图7-3 水杨酸在植物中的合成途径

茉莉酸信号途径：和水杨酸不同，茉莉酸是一种酯类的化合物，其合成主要是植株受到病原菌入侵时或者昆虫取食植物时，借助于氧脂素通路进行合成的。在脂氧合酶丙二烯氧合酶以及丙二烯环化酶共同作用下，亚麻酸能够在植物叶绿体中转化成为OPDA。随后OPDA在催化作用下会形成一种还戊丙酮环结构，经过三个β-氧化循环后，能够生成茉莉酸。在拟南芥植株中，存在着两种JA信号分支，分别为MYC以及ERF分支。MYC主要是由MYC类的转录因子介导的，能够激活VSP系列基因的表达。而ERF分支主要是由*AP2/ERF*基因介导的。通过研究表明，JA以及ET的共同作用才能够激活*ERF*分支，且MYC分支和植物伤口的应答以及昆虫取食相关的相应具有密切的关系，而*ERF*分支主要是参与病原菌抗性的表达。

乙烯信号通路：乙烯是一种气体类型的植物激素，在植株生长发育以及果实成熟时期发挥着重要的作用，另外还和植物应对外界环境胁迫条件具有密切的相关性。经过数十年的研究，人们对乙烯信号通路的认知越来越清晰。乙烯能被内质网中负向调控乙烯信号的受体所识别。当环境中存在的乙烯处于较低浓度的范围时，乙烯受体被激活，然后和CTR1中的一个N端发生相互结合形成复合体。而EIN的C端被CTR1磷酸化，导致EIN2的降解，进而抑制下游信号的转导。但当环境中具有较高含量的乙烯时，ET能够和受体发生结合，ETR1失活，EIN磷酸化后发生断裂，EIN2的C端被转运至细胞核，后可以诱导ERF1以及和乙烯相关转录因子的表达（图7-4）。

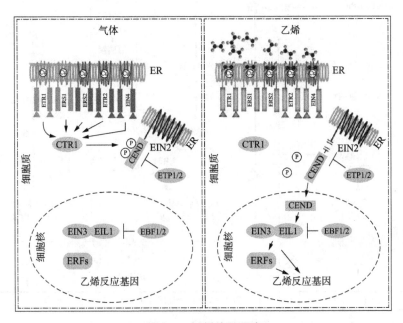

图7-4　乙烯信号通路

水杨酸、茉莉酸以及乙烯等信号通路之间并非是单独在运转，而是多个通路之间相互协调和交互。水杨酸对活体病原菌具有抵抗入侵的作用，而茉莉酸对死体病原菌以及昆虫具有抵抗作用。其中，水杨酸和茉莉酸之间还存在拮抗作用。在拟南芥中，当植株受到病原菌侵染后，能够激活SA类型的信号通路，对JA的防卫信号通路带来了抑制作用，便于昆虫的取食。同样，利用丁香假单胞菌对拟南芥进行处理，在激活SA通路的同时，抑制了JA信号通路，促进了病原菌的入侵。研究表明，利用外源SA处理植株，能够抑制JA信号通路中*PDF1.2*以及*VSP2*等基因的表达。NPR1是SA信号通路中的一个蛋白，在信号转导方面发挥着重要作用。NPR1蛋白被转运到细胞核后能够激发SA信号通路，进而可以抑制JA的反应过程（图7-5）。

后期人们发现水杨酸和茉莉酸信号通路之间不仅存在拮抗的作用，还可以共同发挥作用。在拟南芥中，研究发现水杨酸和茉莉酸浓度的增加能够抑制*PR1*、*PDF1.2*的表达，而低浓却能增强*PR1*和*PDF1.2*的表达。因此来讲，SA和JA并不是单纯的存在拮抗作用。另外，研究发现乙烯和SA、JA信号通路之间也存在着复杂的相互作用关系。在拟南芥中，ET对SA信号通路中转录因子*PR1*的表达起到增

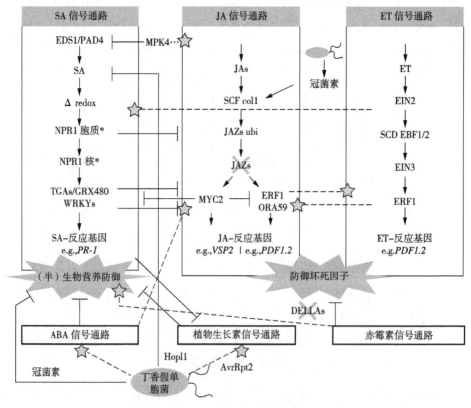

图7-5　SA、JA和ET信号通路的交互作用

强的作用，还能抑制PAMP中基因的表达，特别是和SA相关的合成基因，减少SA的积累含量。另外，ET也可以影响JA信号通路。ET可以作用于和MYC分支相拮抗的ERF分支，后激活JA/ET依赖的信号通路，抑制病原菌的入侵。但当ERF分支被激活后，会给MYC分支带来抑制的效果，更加促进昆虫对植株的取食，因此来看，ET的增加，能够对植物抵抗昆虫的取食起到负向调节的作用。

植物诱导抗病性的特点：和其他防治方法相比，植物诱导抗病性存在着广谱性、系统性、滞后性、持续性以及安全性等特点。一些外源的诱导因子能对多种植物产生诱导作用从而抵御多种病害的侵害。如利用碳酸氢钠、磷酸氢二钾、核黄素以及蛋氨酸复合物等混合物可以诱导西葫芦产生对于白粉病的抗性。同时，当外源因子诱导植物后，经过一系列的信号传导将抗病性从植物局部传递到全株，获得系统抗性（SAR）。张国强等人对糖蛋白GP-1抗TMV的活性进行研究，处理后对接种叶片中的病毒含量进行检测，发现含量显著降低，因此表明GP-1对植物的诱导抗病性的属于全身系统性的。另外，植物诱导抗病性还具有滞后性以及持续性。外源因子对植物的诱导抗病性需要经过长距离的信号传导，才能将抗病性从侵染位置传递到植物各个部位，因此存在着一定程度的滞后性，且不同的诱导因子对植物诱导抗病性的滞后期叶是不同的。在信号将植物抗病性从侵染位点传至植株全身后，抗病性虽然会随着时间而减弱，但可以通过二次诱导，加强抗病性。通过利用MT对红小豆进行诱导，在2天后，抗病率可达到56.88%，且会随时间逐渐减弱，但抗性可持续到10 h左右。最后一点，就是植物诱导抗病的安全性。和化学药剂的抗病性相比，植物诱导性抗病是受到外援生物因子的诱导，自身产生的抗病性，对植物本身以及外界环境无害、无污染，相对安全。

7.4　植物诱导抗病相关基因

植物的抗病基因是决定植物对病原物的特异性识别，且能够激发植物产生抗病性的基因。植物的抗病基因（resistance gene，R基因）编码的受体（receptor）可以识别病原菌对应的无毒基因（avirulence gene，Avr基因）编码的配体（elicitor），经过信号传导，可以诱导植物抗性基因表达，从而激发植物抗病反应。无论是植物抗病基因和病原菌无毒基因的缺失，都会导致识别作用的失败。因此，R基因被认为是植物–病原菌互作的关键因子。根据抗病基因结构的不同，可将抗病基因分为5大类，分别为：丝氨酸、苏氨酸蛋白激酶类基因、NBS-LRR类基因、富亮氨酸跨膜受体蛋白类基因、LRR–TM–STK类基因以及Hml类抗病基因。植物防御反应的基因也可以分为3种，分别为次生代谢合成基因、和病程相关的蛋白基因、细胞内防卫酶系统基因等。次生代谢的合成基因主要包括一些植保素、酚类物质、木质素等物质，参与了植物的抗病防御反应。病程相关蛋白基因主要是由PR基因编码而成的，也是植物获得抗性的标志性基因，和植物抗病性密切相关。而细胞内防卫酶基因主要是由氧自由基消除酶系以及PAL防御酶构成的。

到目前为止，现已确认的植物经过诱导后，抗病基因主要有：JA信号途径中的标志基因*PDF1.2*，SA途径中的*PR1*基因，两种途径的调控基因*NPR1*，调控β–1,3–葡聚糖酶活性的*PR2*基因，还有调控壳聚糖酶活性的*PR3*基因，以及和氧爆发有关的*APX*基因，以及病程相关的蛋白基因*PR5*、*GLU*和*CHI*等。研究证明，SA信号途径和JA/E信号途径既存在相互协同配合的作用，也存在拮抗作用。有人证实SA能够抑制植物体内JA的合成，SAR抗性的诱导能够抑制ISR路径的发生。

WRKY作为植物体内特有的转录因子，和植物防御反应有着密切的联系。WRKY转录因子通常含有保守的结构域，能够和目的DNA进行结合，直接或间接增强植物免疫防御反应。研究证明，WRKY70转录因子的过表达能够增强抗病基因PR的表达，若将其进行沉默，则可以激活JA信号分子诱导的信号途径中的相关基因的表达。WRKY类的转录因子中包含60个氨基酸组成的具有锌指结构的DNA结合域，其中在锌指序列中包含了一段具有高度保守的序列为WRKYGQK区域，也称之为WRKY域。根据锌指结构以及WRKY结构域的数量以及类型，可将WRKY类的蛋白分为3种，分别为WRKYⅠ类、WRKYⅡ类以及WRKYⅢ类。对于Ⅰ类的WRKY蛋白拥有2个结构域，一个为C端WRKY结构域，其能够和DNA发生结合，另一个为N端的WRKY结构域，其功能有待探究。Ⅱ类的WRKY型蛋白质以及Ⅲ类的WRKY型蛋白质只含有1个结构域，但其锌指结构具有差异性。Ⅱ型的锌指结构主要为C2H2型，而Ⅲ型的锌指结构为C2HC型。在生物体中，大部分的WRKY的转录因子为Ⅱ型，而Ⅲ型的WRKY转录因子仅在高等植物中存在，可对多种生物胁迫进行响应。在植物的诱导抗病性反应中，转录因子对植物中抗病基因的表达中发挥重要的调控作用。WRKE的转录因子能够介导病原物诱导的转录反应过程。目前，已经得到证实的是在拟南芥中，WRKY52蛋白质中富含能够和抗病基因发生结合的位点以及结构域，诱导植物产生诱导抗病性，抵抗病原菌的入侵。在拟南芥中，基因*WRKY18*的高表达能够激起*PR1*、*PR2*以及*PR5*基因表达，进而激发植物的免疫防御反应。

MYB类转录因子。MYB类的转录因子中存在一个由51~52个氨基酸组成的MYB结构域。每个MYB结构域之间会发生相互折叠，形成螺旋结构和DNA发生结合。MYB类型的转录因子能够对目标基因进行调控，参与病原菌感染植物后产生的两条诱导信号途径。例如基因*AtMyb30*作为MYB类转录因子中能够特异性瞬时表达的一个基因，能够在植物受到病原菌入侵时进行正调控。其对植物的依赖SA的积累，引起植物的过敏反应，但和*NPR1*并无相关性。但基因*AtMyb30*表达的改变则会引起SA水平以及和SA相关基因表达量的变化。因此说明，基因*AtMyb30*在植物体中能够参与SA的合成进而可以调控植物的SAR反应。

其他类型的转录因子。除此之外，还有*bZIP*、*AP2*、*EREBP*以及*NAC*类的转录因子参与植物的免疫防御反应过程中。碱性域亮氨酸拉链（*bZIP*)作为植物中最为重要的转录因子之一，广泛存在于真核生物中。该类转录因子在拟南芥中包括75种，转录因子中均含有有个能和DNA发生结合的结构域，参与到植物的各个生长、发育过程，抵抗外界环境对植物的胁迫。乙烯应答元件组合蛋白/因子（*AP2/EREBP*）是和植物应对外界环境胁迫所特有的一类转录因子。该转录因子的家族包含了1~2个能够和DNA发生结合的保守的*AP2/ERF*结构域。根据结构域的数量，*AP2/EREBP*类的转录因子分为两个亚族，分别为EREBP亚族以及AP2亚族。EREBP亚族中具有1个*AP2/ERF*结构域，主要参与到植物中乙烯、ABA激素以及外界环境胁迫应答的调控机制。而AP2亚族中具有2个*AP2/ERF*结构域。另外，近年来发现了具有多种生物功能的特异性的NAC类型的转录因子，该转录因子的N端包含了一个具有高度保守结构的NAS结构域，该结域由150个氨基酸残基组成，形成螺旋－转角－螺旋的结构，能够和目标DNA以及蛋白发生特异性结合。后期研究发现NAC类的转录因子在植物抗逆以及抗病防御反应中发挥着重要作用。NAC类型的转录因子能够病毒中的蛋白相互作用，激发寄主产生抗病性，抵抗病毒的入侵。

7.5　植物诱导抗病相关代谢产物

植株经过激发子诱导后，会引起植物组织的变化，主要是植物细胞壁木质化、胼胝质沉积、相关活性酶的变化等。植株还会产生一些酚类物质，抵御病原菌的侵染。

7.5.1 木质素

木质素作为植物细胞的一种机械屏障,在植物细胞受到侵染时,在细胞壁、细胞质及胞间会产生木质素。木质素的积累,一方面增加细胞壁厚度,限制毒素向植物细胞内扩散,给植物细胞提供了有效的保护屏障,以此来增强植物抗病性。另一方面限制了营养物质向病原菌的输送,从而能够抑制病原菌的侵染。木质素是酚类化合物的一种,受到苯丙烷代谢途径的调控。早期的试验证明,将苯丙烷合成信号通路中的苯丙氨酸解氨酶(PAL)或者是木质素合成路径中的肉桂醇脱氢酶进行抑制后,植株中积累的木质素的含量也显著减少,增强了病原菌的感染概率。另外有研究证实,植株中木质素含量的改变,会对植物和病原菌之间的互作产生影响,木质素的积累量的增加能够延长根结线虫的生长以及繁殖周期。若木质素的积累受到抑制,则缩短了根结线虫的生长周期。

7.5.2 胼胝质

胼胝质,是由 β-1,3-葡聚糖聚合而成的,在植物中广泛存在,参与植物细胞气孔的关闭和形成。同时,胼胝质的沉积也是植物诱导抗病的一个重要的指标。丁新伦等人研究证明,在抗病和感病品种的水稻上同时接种水稻条纹病毒(risestripevirus,RSV),胼胝质沉积的含量在感病品种上和健康水稻并无显著差异,但在抗病品种中,胼胝质沉积明显增加。因此,胼胝质的沉积往往被用作植物诱导抗病中的一个重要的指标。更多研究表明,病原物种类不同,对胼胝质沉积带来的影响也不同。当病原菌侵染了植株时,会导致被侵染部位细胞壁加厚,形成乳突结构,并伴随着大量胼胝质沉积。但是当病毒侵染植株时,虽不能观测到乳突结构的形成,但被侵染部位由胼胝质的沉积。在这个过程中,位于胞间连丝的胼胝质能够阻止植株体内病毒的扩散。另外利用水稻条纹病毒(risestripevirus,RSV)分别去感染抗病品种和易感病品种,结果只在抗病品种叶片中观察到了胼胝质的沉积。在胼胝质的合成过程中,胼胝质合成酶作为胼胝质合成关键的调控因子,能够对复合体中的亚基起到催化的作用。早期的研究中,人们一共从拟南芥植株中鉴定到了12个和胼胝质合成酶有关的基因,分别为类葡萄糖合成酶基因: AtGSL1~AtGSL12,以及胼胝质合成酶基因: AtCalS1~AtCalS12,共同调控植物合成胼胝质。胼胝质在植物诱导抗病反应中起着关键性的作用。当植物被病原菌或者真菌侵染后,被侵染的位点会出现细胞壁变厚的现状,进而形成乳突结构,大量的胼胝质便在乳突结构中积累、沉积。因此，人们认为乳突的形成能够对病原菌的生长以及繁殖进行有效的抑制。且经过进一步深入探究，对胼胝质的合成进行阻断后，发现侵染的部位仍旧能够形成乳突状的结构，但并不能有效抑制病原菌的生长和繁殖。另外，一些病原菌或病毒侵染植物后，侵染位点并没有乳突结构的形成，但是有大量的胼胝质沉积于侵染位点。这可能是由于病毒的传播主要是通过胞间连丝的方式在细胞之间进行扩散传播，而处于中间的胼胝质对病毒的传播造成阻碍的作用，延缓了病毒对植株的更进一步的感染。此外，胼胝质的沉积还和植物的抗性有关。研究表明，利用大豆花叶病毒分别侵染抗病以及感病品质的大豆，通过对两种大豆植株中胼胝质进行测定，结果表明，抗病品种中胼胝质的含量显著高于感病品种。同样地，利用水稻条纹病毒侵染抗病和感病品质的水稻植株，结果显示只有抗病品种植株种才有胼胝质的沉积。

7.5.3　植保素

植保素是植物在受到病原菌侵染后，合成的一类小分子化合物。植保素种类繁多，且对微生物的种属并没有特异性，因此被认为是植物诱导抗病反应种最重要的标志之一。目前，人们已经分离并鉴定出了多种植保素，根据类别，可以分为黄酮类、类黄酮类、吲哚类、萜类/双苯类、生物碱类以及香豆素类等。不同植物种产生的植保素也不相同，如十字花科的亚麻荠素，茄科植株的辣椒素、日齐素等，以及禾本科的樱花素以及玉米倍半萜素等，都可以作为植株诱导抗病反应种的指标。

7.5.4　活性氧迸发

活性氧迸发是指在植物受到一些诱导因子的刺激时，能够产生的一种自身防卫反应，不仅可以作为一种抗菌剂，对入侵的病原菌进行消灭，还能在植物的细胞壁之间形成一种交联体，以达到抑制病原菌入侵的目的。因此，活性氧也在植物的免疫防御反应中发挥着重要的作用。活性氧在植物中主要存在4种形式，分别为氧分子（O_2）、超氧自由基（$\cdot O_2^-$）、过氧化氢以及羟基等，能够对细胞间的信号传导起到调控作用。研究证明，当活性氧处于低浓度时，能够对信号分子的上游信号或下游信号进行调控作用，但浓度较高时，能够产生毒性，影响细胞的生长。在诱导抗病中，病原菌对活性氧的诱导以及积累可以分为两个阶段：首先是产生少量的活性氧；然后随着活性氧浓度的增加，会引起细胞过敏反应，阻断病原菌对植物的进一步深层次的侵染，减轻病原菌对植物带来的危害。

7.5.5 酚类物质

酚类化合物是植物中重要的次级代谢产物，参与了植物生长过程中氧化还原反应、木质化的形成、刺激活性以及植物体内的毒性反应等生理过程。研究表明侵染点周围若酚类物质含量较高，则会对病原菌的生长带来抑制的作用效果。另外健康的植物中也会存在肉桂酸、香豆素、绿原酸、奎宁酸以及咖啡酸等多种酚类物质。同时，酚类物质的合成能力和植物的抗性也有紧密的关系。抗性较强的作物品种，能够在病原菌入侵时，积累大量的酚类物质，减轻病原菌入侵对植物带来的危害。而对于感病品种来讲，其对酚类物质积累的速度较慢，无法及时有效地抑制病害达到侵染。

7.5.6 丙二醛

丙二醛（MDA）作为在植物细胞膜过氧化反应过程中的一种分解产物，其含量和植物受伤害的程度密切相关，往往被当作植物受伤害程度的指标之一。MDA可以与植物体内的一些蛋白质以及核酸等物质发生反应，致使植物细胞受到损伤，影响植物诱导抗病性。

7.5.7 叶绿素

叶绿素和植物体的光合作用密切相关。当植物与病原菌侵染后，往往会造成植物叶绿素的破坏，进而影响植物的光合作用，降低作物的产量以及品质。例如，当马铃薯被马铃薯晚疫病毒所侵染后，叶片会出现枯死的现状，马铃薯的产量和叶片枯萎的程度是成正比关系的。另有人也证实，当感染了病原菌后，植物光合作用严重下降。

7.5.8 可溶性糖和可溶性蛋白

植物在光合作用过程中，会产生糖等物质，作为供给植物以及病原菌的能源。因此，当植物被病原菌侵染后，会影响植物体内糖代谢。李海燕通过对不同品种的辣椒植株上接种疫霉菌，结果表明抗病性较强的植株中可溶性糖的含量也是最高的，且植物中可溶性糖以及可溶性蛋白含量越高，对病原菌的抗性就越强。

7.5.9 总酚以及黄酮类物质

植物在苯丙烷类路径代谢调控过程中，能够合成总酚以及黄酮类次生代谢产物，还可以经过氧化反应，生成具有更强毒性的半醌物质，影响植物的抗病性。当病原菌侵染植物时，植物能够迅速生成酚类物质以及黄酮类物质，抵御病原菌带来的危害。

7.5.10 抗病性相关酶活性

在植物与病原菌相互作用的过程中，病原菌可以诱导植物产生抗病性，这和植物体内相关酶活性也紧密相连。过氧化物酶（peroxidase，POD）作为一种在植物体内广泛存在的酶，使用过氧化氢作为电子受体，催化氧化反应的酶。其作为氧化还原酶，不仅可以参与植物体内木质素的合成，强化细胞壁，还可以作为植物体内活性氧清除剂，参与植物诱导抗病。早在1986年，人们已经证实POD的活性和马铃薯晚疫病的抗病基因活性呈现正相关。其主要原理在于POD能够对松柏醇的脱氢化起到催化作用，氧化产物进一步发生反应，生成木质素，抵御病原微生物的进一步侵染。除此之外，过氧化氢酶（catalase，CAT）、超氧化物歧化酶（superoxide dismutase，SOD）、苯丙氨酸解氨酶（phenylalnine ammonialyase，PAL）、叶绿素以及过氧化氢的含量在诱导植物抗病性中都可以作为重要的指标。这些酶有多个基因编码，参与多种生理反应过程，比如植物木质化、植物防御反应，以及种子萌发及发育等。同时，它们还参与了活性氧以及活性氮的合成，是启动植物防御反应重要的信号。PAL在苯丙烷代谢中，能将苯丙氨酸转化成为肉桂酸，抑制病原菌的生长。

7.6 诱导植物抗病的激发子

作为能够诱导植物产生抗性的因子，激发子种类众多，来源也广泛。激发子能够和宿主膜受体识别，特异性地激活宿主相关基因表达，诱导植物抗病反应的发生。其具有持续性强、无毒且对环境友好等特点。按照其来源，激发子可分为生物源类激发子以及非生物源类激发子。

7.6.1 非生物源激发子

非生物激发子也可以诱导植物产生抗性。非生物激发子主要包括物理激发子和化学激发子。

物理激发子主要包括紫外线，臭氧（O_3）、创伤以及一些环境胁迫，如干旱、温度等因素。这些因素的改变，会引起植物一些代谢物及抗病相关酶的产生，进而诱导植物抗病性反应。如将菜豆胚经过紫外线照射后，抗病性加强；大豆茎经过冷冻后，会导致植物一些代谢物增加，增强抗病性，提高植物免疫防御反应。

化学类的激发子，虽说本身没有抗病作用，但能够诱导植物产生免疫防御反应。在化学激发子中，研究最多的主要有：水杨酸（SA）、乙烯（ET）、茉莉酸（JA）、钙离子（Ca^{2+}）、一氧化氮（NO）、茉莉酸甲酯（MJ）、IAA以及苯并噻二唑（BTH）等物质。其中水杨酸，乙烯，茉莉酸以及苯并噻二唑在农业植物诱导抗病方面应用极为广泛。

Ca^{2+}：研究证明Ca^{2+}可以作为第二信使参与植物抗病防御反应中。其可以抑制由病原菌引起的过敏反应，并能够调控蛋白激酶的活性对抗性基因的表达进行调节，另外还能诱导抗菌物质的合成。

NO信号：NO参与了很多植物的诱导抗病反应，其对基因 *PAL* 和 *PR1* 的表达能够起到诱导的作用，是SAR反应系统中重要的信号分子，不仅参与植物的生长发育，和植物诱导抗病防御反应也具有密切的关系。同时，更多研究表明NO还参与了植物叶片气孔的开合。

水杨酸：一些植物激素，如水杨酸、茉莉酸、脱落酸以及乙烯等都是诱导植物抗性信号通路中重要的信号分子。水杨酸（SA）作为植物体内R基因具有特异性的信号分子，在SAR反应中发挥着重要的作用。前人利用SA处理烟草植株，发现其能够降低TMV带来的病害，并促进了PRs蛋白的累积。水杨酸能够对多种植物产生诱导作用，诱导植物产生对于不同的病原菌以及病毒等的抗性。同时，在植物的防卫反应信号转导通路中也发挥着重要的作用。通过在水稻苗期喷施水杨酸，能够诱导植株产生抗稻瘟的特性。利用水杨酸喷施处理烟草植株，发现只有经过处理的植株叶片才能够抵抗霜霉病以及TMV的侵染，茎部注射的处理方法则能诱导烟草植株的系统抗性。但在施用水杨酸的过程中，水杨酸主要是以 $\beta-$ 葡萄糖的形式存在，不能够在植物韧皮部进行传输，因此不能被植物有效地利用。另外，当水杨酸浓度较高时，会对植株造成危害。因此，水杨酸目前仍未在田间大范围的应用。

茉莉酸：茉莉酸作为植物抗病反应系统中的信号分子，当病原菌侵染植物后，会引起茉莉酸含量的升高，进而诱导植保素的生成。茉莉酸可以对病原菌的膜质过氧化的过程产生抑制作用，降低环境变化对植物造成的危害。外源施用茉莉酸，能够有效降低在番茄植株种的根霉果腐病，还能够诱导植物产生对一些病虫害的抗性，减轻病虫害对植物带来的危害。

乙烯：在植物的正常生长中，植物体内含有乙烯的含量是非常少的。但当植物被病原菌侵染后，植物体内乙烯的含量急剧积累。研究表明，当病原菌感染植物后，若植物体内无乙烯激素的产生或产生乙烯的含量较少，则病原菌在植物体内感染的速度明显快于乙烯合成较多的植株，因此表明乙烯参与了植物的免疫防御反应。另外。利用外源的乙烯处理植株，植物体内植保素的积累量远高于未处理的植株，因此表明乙烯在植物抗病中发挥着重要的作用。

氯异烟酸以及酰胺类物质：2，6-二氯异烟酸是诱导SAR反应的一种化合物，其对多种植物具有诱导抗病性的作用。有报道指出利用2，6-二氯异烟酸对感病品质的大麦植株进行处理，测定其是否能够产生对白粉病的抗性。结果表明该化合物在离体的环境下能够保护植株抵抗病原菌的侵害。也有报道声明2，6-二氯异烟酸对采摘后的水果具有良好的防腐效果。

苯并噻二唑：苯并噻二唑（BTH）是目前研究以及应用较多的一种化学诱导剂，也是植物系统抗病中水杨酸的较好的替代化合物，其能够诱导SAR反应的发生。但在作用过程中，BTH并不能诱导植物种水杨酸水平的提升，可能是顺着SA的信号通路进行信息的传递，或者是独立地进行SAR信号的转导。BTH和化合物和INA以及SA具有相似的结构。同样的，BTH本身并不能消灭病原菌的活性，但能够在多种作物上诱导植株产生抗病性，抵御外界病原菌的侵染。BTH作为一种应用范围较广且较为实用的化学诱导剂，目前已经在田间试验中取得了较好的诱导抗病的效果。

β-氨基丁酸：β-氨基丁酸也是一种新型的诱抗剂。其能够对多种作物包括烟草、棉花、番茄、花生、马铃薯、辣椒以及向日葵等产生诱导抗病性，防御TMV、CMV、疫病、炭疽病、根腐病以及根结线虫等多种病害的侵染，也是目前研究过程中诱导抗病性较好的诱抗剂之一，但目前并未得到大范围的商业应用。

油菜素内酯：油菜素内酯作为国际上公认的高效的植物内源生长激素，其不仅能够促进植物的生长，增强作物的产量以及提升品质，还能使诱导植物产生抗逆以及抗病性，提高植物抗逆以及耐冷的性能，并在一定程度上提高植物对病原菌的抗性，减轻植物受到的危害。目前，已经报道在油菜上喷施油菜素内酯，能够有效地诱导油菜产生对黄瓜霜霉病、枯萎病以及白粉病等疫病的抗性。

草酸：草酸也能够诱导植物产生抗病性。利用草酸处理黄瓜植株，试验结果表明能够诱导黄瓜产生对炭疽的系统抗性，表明草酸能够作为一种植物体的活性氧，启动植物相关防卫基因的表达。另外，还有一些化学物质，例如噻菌灵、DL–氨基丁烯酸、诱导素以及烯丙异噻唑等物质都可以作为植物高效的诱抗剂，诱导植物产生抗病性，抵御病原菌的侵染。

7.6.2　生物激发子

能够诱导植物产生免疫防御反应的生物源类激发子主要包括一些微生物：细菌、真菌以及病毒等。微生物的激发子由于存活较难控制，在推广方面受一定限制。从微生物或植物中提取得到的一些生物大分子，比如多糖、蛋白质、脂类以及肽类激发子，这类激发子诱导抗病效果显著，且性能稳定，在植物生长调控以及生物防治等方面发挥着重要作用。比如经过石纯多糖处理植株后，一些抗病相关基因及合成基因均出现了上调，激活 JA 信号通路，诱导植物产生抗病性。从甜菜提取到的物质，能够增强 PR 蛋白的表达，激活马铃薯产生对马铃薯晚疫病的抗性。按照物质的分子质量大小可以分为生物大分子物质以及小分子物质。

大分子物质：常见的抗病的大分子物质主要是一些糖类和蛋白类物质。常见的具有抗病的活性多糖主要来源于一些壳聚糖、低聚糖以及真菌类的寡聚糖。利用从细菌、真菌以及蘑菇中提取得到的多糖作为激发子，来抑制病毒病的传播。研究发现，一些活性多糖能够钝化病毒粒子，同时能够作为激发子，激活植物系统抗性和防卫体系，抵抗病毒的侵染。蛋白类大分子物质也是一种重要的天然激发子。目前应用于植物病毒病防治的蛋白类大分子主要为核糖体失活蛋白（RIPs）、植物诱导抗病性相关蛋白以及一些抗病蛋白等。核糖体失活蛋白能够对核糖体进行特异性的破坏，抑制生物体合成蛋白质，使核糖体失活。RIPs 能够抑制动物以及植物病毒的侵染。根据结构，RIPs 蛋白可以分为 3 种，分别为Ⅰ型、Ⅱ型以及Ⅲ型。RIPs Ⅰ属于单链蛋白，分子质量大小为 30 kDa，其对多种植物病毒以及动物病毒都具有抗病毒的活性。RIPs Ⅱ型蛋白为异源双聚体蛋白，分子质量大小为 60 kDa。RIPs Ⅲ型蛋白是仅具有一条多肽链的蛋白，在合成过程中，先出现无活性前体，对其相应的活性位点的氨基酸以及扩展序列进行酶解作用，后期再经过加工表现出抗病毒的活性。

植物在长期和外界环境相互适应、进化的过程中，形成了自己的一套独特的免疫能力，而病程相关蛋白是植物免疫防御反应系统中最为重要的一员。病程相关蛋白（PRP）是在植物受到侵害后，经过诱导产生的一类蛋白，主要参与植物局部或系统诱导抗病。最初人们是在被TMV病毒感染的烟草中发现了PRP蛋白，后期人们对其进行了大量研究。在已经发现的PRP蛋白中，PR-1、PR-3、PR-4以及PR-5蛋白都表现出能够直接抑制病原菌的作用及效果。研究证明*PR-1*基因的过量表达能够显著提高植物对病原菌的防御能力。*PR-2*的过表达能够防控一些病原菌对植物的入侵。更深入的研究表明，激发子对植物的诱导产生抗性的信号途径分为两大类，一种为SA-依赖性途径，另一种为SA-非依赖途径。因此，近年来人们对两种途径产生的一些内源信号分子进行了大量研究，其中研究最多，起着关键性作用的为水杨酸（SA）茉莉酸（JA）以及乙烯（Et）等。

Harpin是细菌通过Ⅲ型分泌系统分泌出的一种蛋白质，其可以激发植物的过敏反应。该蛋白富含甘氨酸，对蛋白酶具有较高的敏感性以及热稳定性，其可以激发非寄主植物的过敏反应。Harpin蛋白不仅能够诱导烟草产生过敏反应，还能够诱导拟南芥以及其他种类的植物产生过敏性反应，诱导植物获得免疫防御反应，抵抗病原菌的侵染。通过对该激发蛋白对不同作物的诱导抗病性进行研究，结果表明Harpin蛋白对辣椒病毒病的抗病效果可达到63.3%左右，对番茄叶霉病的抗性可达到70.1%，对黄瓜白粉病的诱导抗病性效果可达到66.1%，且能够减少84.9%的小麦蚜虫病害。除此之外，对油菜菌核病以及烟草花叶病毒等都具有较好的诱导抗性。另外，人们可以将植物的种子进行Harpin浸泡处理，结果表明经过浸泡处理的植物，能够显著降低黑斑病的发病指数。

小分子物质：近年来，关于小分子物质抑制植物病毒病的报道很多，其中一部分已经作为微生物次生代谢物产品流动于市场上。常见的用于诱导植物产生抗病性的小分子物质主要有黄酮类物质、生物碱以及其衍生物、有机酸物质以及萘醌类的物质等，都在植物抗病防御反应中发挥着重要的作用。

7.7　植物诱导抗病机理

深入了解病毒和寄主间作用方式对植物病毒病的防控具有重要的意义。植物病毒病在整个生命周期中，能够和细胞发生吸附作用，和寄主能够相互作用，完成自身增殖活动。生物源激发子对病毒的防控机制主要可以分为以下几个部分：对病毒的侵染进行抑制、对病毒的增殖进行抑制以及诱导植物系统抗性3种。很多活性物质在抗病毒病中并非是只有一种机制作用的，而是多个机制协同配合，共同抵抗病毒病的侵染。

7.7.1 抑制病毒侵染

一些大分子物质能够在植物叶面形成一层保护膜，保护植物免受病毒的侵染，但对已经受到侵染的植株来说，防治效果并不理想。但一些小分子的活性物质，能够降低寄主表面的一些细胞对病毒的敏感度或者将病毒接受位点进行改变，让病毒粒子不能吸附到寄主表面，抵抗病毒粒子的入侵。有人将鸡冠花的提取物和TMV病毒粒子进行混合，后接种植株，发现其可以有效抑制枯斑的形成。通过更深入的研究发现，鸡冠花提取物能够对病毒病斑进行抑制，并非是直接作用于TMV病毒粒子，而是改变了病毒接受位点，导致病毒无法在寄主表面进行吸附而导致侵染失败。另外一些蛋白质或糖蛋白活性分子，能过抢占病毒结合位点来阻止病毒对植物的入侵。另外一些活性物质能够直接作用于病毒，暂时性或永久性钝化病毒，或对病毒粒子进行裂解，致使病毒粒子失去侵染能力，以此来阻止病毒对植株的侵染。有些活性物质，例如丙酰紫草素能够和病毒粒子发生结合，形成复合体抑制病毒对植物的侵染。槲皮素能够抑制PVX的侵染，主要是因为槲皮素能够和PVX病毒相结合，干扰了病毒外壳蛋白对寄主中侵染位点的识别，导致侵染失败。而类黄酮物质能够削弱病毒外壳蛋白亚基之间的结合力，从而对病毒粒子的完整性造成破坏，降低病毒的侵染能力。另有一些植物源的活性物质，能够直接破坏病毒粒子，丧失病毒粒子侵染能力。例如从大蒜中提取得到了多羟基双萘醛，其对TMV病毒粒子起到了钝化的作用，致使TMV病毒粒子发生断裂或者变形，失去侵染活性。

7.7.2 抑制病毒增殖

病毒侵染寄主的过程主要包括脱壳、复制、合成蛋白质以及病毒粒子装配及扩散等，可以通过阻碍其中任一过程来抑制病毒的复制及扩散。第一种方法为阻止病毒外壳的形成。在病毒粒子侵染过程中，病毒的外壳蛋白首先要形成多聚体的结构，然后再和核酸进行配合，形成完整的、有生物活性的病毒粒体。一些抗病毒活性物质能够结合病毒外壳蛋白，进而影响病毒外壳蛋白形成聚集体，阻碍病毒粒子的完整性，从而达到抑制病毒增殖的目的。第二种方法是抑制病毒粒子中核酸以及蛋白质的合成。一些病毒抑制剂能够改变核酸酶或蛋白酶的活性，作用于病毒的合成过程，阻碍病毒的复制过程，达到抑制病毒复制及传播的效果。一些小分子物质也是通过这种作用机制达到抑制病毒增殖的作用。第三种方式为限制蛋白质的合成。一些活性物质具有 N-糖苷酶活性，能够特异性水解特异位点上面的氨基酸，损坏核糖体，限制蛋白质的合成，从而阻碍病毒粒子的复制及扩散。

7.7.3 诱导植物产生抗病性

植物在长期进化过程中，逐渐形成了属于自身独特的防御反应系统，能够被特定的激发子诱导产生抗病性。随后通过内源信号分子传递到整个植株，进而会发生一系列生理生化反应的变化，将植物体内相关的抗病基因激活，产生一些能够抵抗病毒侵染的活性物质。其中在诱导植物抗病系统中，常见的激发子有多糖、蛋白质以及核酸等物质，均可以诱导植物产生抗病性。例如，将紫茉莉蛋白MAP喷施在烟草底部叶片后，再接种TMV病毒，结果显示病毒粒子含量和未处理组相比显著降低。通过对植物诱导剂VA进行研究，结果表明经过VA处理的植株，体内一系列防御酶以及抗病基因的表达量都明显提高，同时植株体内水杨酸的含量也得到了显著增加。人们通过对抗病毒剂VFB抗病机制进行研究，结果表明植株经过VFB处理后，诱导了植株的系统抗性，植株体内过氧化物酶以及多酚氧化酶的活性都显著提高，对TMV的抗性也显著增强。

7.8 植物诱导抗病发展前景

长期以来，人们对于病虫害的防治主要以抗病育种以及化学农药为主。但抗病育种周期较长，需要投入大量的人力、物力，而长期化学农药的使用，一方面增加了害虫以及病原菌的抗药性，另一方面农药残留给人类、家畜以及农田生态环境都带来了不可逆的危害。所以，急需开发出一套安全、有效、对环境无污染的病虫害防治措施，更加符合现代绿色农业建设的要求。植物本身具有较多诱导抗病系统，可以通过借助于外界物质对其进行诱导，激发植物抗病系统，抵抗各种病害，具有较好的应用前景。但目前仍存在很多缺陷，其功效并不像化学农药一样具有较好的防治效果，往往需要和别的方法结合起来，才能更有效地发挥作用。随着技术的发展以及研究的深入，植物诱导抗病的机制会得到更深层的挖掘，有助于人们更有效地对抗病系统进行调控，助力可持续农业的发展。

7.9 胞外多糖对烟草抗TMV诱导抗病生理生化影响实例

在植物生长过程中，不仅要面临环境变化带来的影响，还需要抵御各种病原菌的侵染。在植物和病原微生物长期协同进化的过程中，植物会逐渐形成一套完整的防御体系，来对抗外界环境的变化和病原菌的侵染。当植物受到病原菌侵染后，自身会发生一系列防御反应抵御病原菌的侵染。病原菌的侵染，不仅会破坏植物叶绿素，影响光合作用，还会影响植物酚类物质以及相关酶的变化。

胞外多糖 G-EPS 是从沼泽红假单胞菌 GJ-22 发酵液中提取纯化得到的一种多糖。前期研究 G-EPS 合成基因的缺失，能够显著降低烟草对 TMV 抗性，但 G-EPS 诱导烟草系统抗性的信号途径依然未知。我们探究了 G-EPS 处理对植物生长以及诱导植物产生抗 TMV 性能，以及诱导植物后丙二醛（MDA）、叶绿素以及相关防御酶含量的变化，为 G-EPS 诱导烟草抗 TMV 提供理论指导。

7.9.1　实验材料

植物材料：本研究所用本氏烟草由湖南省植物保护研究所自留，具体培养方法详见本书第三章。

药剂材料：沼泽红假单胞菌胞外多糖 G-EPS 为本论文研究中分离纯化得到，具体操作参见本书第六章。

毒源材料：本试验素所用 TMV 毒源由湖南省植物保护研究所自留，使用之前利用无菌水稀释到 7.4×10^{-4} μg/mL。

主要试剂：检测试剂盒购于南京建成研究所。qPCR 酶购自于全式金生物公司。

7.9.2　试验方法

7.9.2.1　胞外多糖 G-EPS 促进烟草生长测定

本试验选取烟草作为实验对象，来检测胞外多糖 G-EPS 对于烟草生长的影响。挑取长势统一的两周龄烟草植株，分为两组，每组 10 颗植株。分别在第 1 天、3 天以及 7 天时向烟草植株分别喷施胞外多糖水溶液（5 mg/mL），以喷施 ddH$_2$O 作为对照组，在最后一次喷施处理 7 天后，对两组处理进行取样，测定两组处理植株根长以及干重。本试验重复 3 次。

7.9.2.2　胞外多糖 G-EPS 诱导烟草抗 TMV 检测

TMV-GFP 菌液准备：从 -80℃ 超低温冰箱取出内含 TMV-GFP 的菌液 GV3101，于加有利福平（50 mg/mL）和卡那抗生素（50 mg/mL）的 LB 液体培养基中活化培养 48 h 左右，然后 8,000 r/min 离心 5 min，使用 PSB 缓冲液重悬至 OD$_{600}$ 为 0.8。

待本氏烟草第六片叶子完全舒展开时，喷施处理沼泽单胞菌胞外多糖 G-EPS

（5 mg/mL）。在喷施处理24 h后，通过注射的方法接种TMV-GFP侵染性克隆菌悬液。在接种7天时，利用手提紫外灯观察GFP在烟草植株中的表达。同时分别在处理后第1天、2天、3天、4天时进行取样，提取植株RNA，利用qPCR检测烟草植株中TMV表达量。该实验重复3次。

7.9.2.3 胞外多糖G-EPS诱导处理

挑取长势大小一致的三周龄左右的烟草植株，分为两组，每组处理五棵植株，对烟草进行G-EPS（5 mg/mL）水溶液喷施处理，以ddH$_2$O作为对照。在处理24 h时摩擦接种TMV病毒粒子（7.4×10^{-4} μg/mL）。3天后，进行取样检测植株中防御酶活性的变化。

7.9.2.4 丙二醛（MDA）含量测定（TBA法）

根据试剂盒说明书所述的方法，对烟草植株中MDA的含量进行测定。准确称取0.5 g植物叶片并剪碎，加入2 mL PBS缓冲液，充分研磨成浆。3,500 r/min离心10 min，取上清，即为MDA粗提液。取出1 mL粗提液，加入1 mL 0.6% TBA溶液，旋涡混匀器混匀。用封口膜将试管口封紧，在上面留个小孔，在95℃水浴加热条件下，孵育40 min。取出后，迅速用流水将样品冷却，4,000 r/min离心10 min，使沉淀完全。取出上清100 μL，分别于450 nm、532 nm、600 nm下测定样品吸光度，蒸馏水调零。以10 μmol四乙氧基丙烷作为标准品，无水乙醇作为空白对照组，每个样品重复3次，根据下面公式计算出每个样品中MDA的含量。

$$C（μmol/g）=6.45(A_{532}-A_{600})-0.56×A_{450}$$

7.9.2.5 叶绿素含量的测定

取新鲜的植物叶片，去掉中脉和叶柄，用蒸馏水冲洗干净后晾干。准确称量约0.1 g的植物组织，剪碎后放置于干净的研钵中。向研钵中加入1 mL蒸馏水，避光条件下，充分研磨植物组织，后将植物组织置于10 mL试管内。向试管内加入叶绿素提取液［无水乙醇∶丙酮（$V∶V$）=1∶2］，定容至5 mL，避光条件下浸提4 h，直至叶片研磨液变成白色。4,000 r/min离心10 min，稀释5倍，以提取液作为空白吸光度进行调零，分别在645 nm和663 nm处测定吸光值。

根据下列公式计算出样本叶绿素的含量：

叶绿素a含量（mg/g鲜重）=（12.7×A_{663}−2.69×A_{645}）×5 mL×10/样本质量（g）/1,000

叶绿素b含量（mg/g鲜重）=（22.9×A_{645}−4.68×A_{663}）×5 mL×10/样本质量（g）/1,000

叶绿素总含量（mg/g鲜重）=（20.21×A_{645}+8.02×A_{663}）×5 mL×10/样本质量（g）/1,000

7.9.2.6　过氧化物酶（POD）活性测定

植物组织粗酶液的制备：将植物叶片用清水洗干净，去除表面杂质并擦干水分。精确称量植物叶片质量，按照叶片（g）：体积（mL）=1：9比例加入0.1 mol/L磷酸盐缓冲液（pH=7.2），冰浴条件下机械匀浆，3,500 r/min离心10 min，收集上清液。

量取100 μL植物粗酶液，以蒸馏水作为对照，加入2.5 mL磷酸缓冲液（50 mmol/L，pH=7.8），0.3 mL愈创木酚溶液和0.2 mL酶液，37℃水浴条件下反应30 min，后加入1 mL 24 mmol/L H_2O_2溶液，3,500 r/min离心10 min，取上清于420 nm处测定样品吸光值，每个样品重复3次。以每毫克蛋白，每分钟催化1 μg底物的酶量定义为1 U，按照下列公式计算出每个样品POD活力。

POD活力（U/mgprot）=（测定OD值−对照OD值）/（12 cm×1 cm）×5 mL）/ 0.1 mL）/反应时间（min）/匀浆蛋白浓度（mg prot/mL）×100。

7.9.2.7　苯丙氨酸酶（PAL）酶活性测定

按照7.9.2.4所述的方法制备粗提液。以蒸馏水作为对照组。取出0.1 mL粗提液，加入1.9 mL Tris−HCl（pH 8.5）和1.0 mL苯丙氨酸（15 mmol/L）。混匀后，37℃准确反应15 min，再加入0.5 mL HCl终止液终止反应。摇匀，测定样品在290 nm处的吸光值，以每毫克蛋白每秒钟OD值增加0.1作为一个活力单位，计算出样品中PAL的活性。计算公式为：

植物组织匀浆PAL活力（$U \cdot mg^{-1} min^{-1}$）=（对照OD值−测定OD值）/取样量/样本重量/反应时间（min）。

7.9.2.8　SOD活性的测定

按照7.9.2.4所述的方法制备粗提液。取出上清液0.1 mL，加入1 mL试剂应用液（195 mmol/L硫氨酸：3 μmol/L EDTA：1.125 mmol/L NBT=2：1：2），0.1 mL核黄素（60 μmol/L），0.1 mL粗酶液，旋涡混匀器混匀后，于37℃水浴条件下，反应40 min。后加入2 mL显色剂，混匀后，室温放置10 min，于OD_{550}处检测样品吸光值，以蒸馏水作为对照组。以每克蛋白在每毫升反应液中SOD的抑制率达到50%对应的SOD的量作为一个SOD活力单位（U）。计算公式为：

SOD活力（U/mg prot）=（对照OD值−测定OD值）/对照OD值/50%×20/样本蛋白浓度（mg prot/mL）。

7.9.2.9　过氧化氢（H_2O_2）染色测定

将新鲜采摘下的烟草叶片浸泡于1 mg/mL DAB试剂中（pH=3.8，现配现用），在光照下，25℃处理6 h。处理结束后，放置于95%的无水乙醇中煮沸5 min,进行脱色处理。H_2O_2可以和DAB发生聚合反应，生成棕红色物质。脱色结束后拍照记录。

（1）H_2O_2浓度标准曲线的制作。

①分别取0、0.1 mL、0.2 mL、0.4 mL、0.6 mL、0.8 mL以及1.0 mL 100 μmol/L的过氧化氢溶液于干净的试管内，预冷丙酮试剂补足至1 mL。

②分别向每个试管内加入0.1 mL 5%硫酸钛和0.2 mL浓氨水，混匀后，静置10 min，5,000 r/min离心5 min。

③弃去上清，向沉淀中加入5 mL 2 mol/L硫酸溶液，溶解沉淀。

④沉淀溶解完全后，测定样品在410 nm下的吸光值。以H_2O_2浓度作为横坐标，样品吸光值作为纵坐标，绘制H_2O_2浓度的标准曲线。每个浓度设置5个重复。

（2）样品中H_2O_2含量的测定。

①样品粗酶液的制备见本章7.9.2.4。取1 mL样品粗酶液于干净试管内，加入0.1 mL 5%硫酸钛和0.2 mL浓氨水，静置10 min后，5,000 r/min离心5 min。

②弃去上清后，加入5 mL 2mol/L硫酸溶液。

③完全溶解后，取100 μL样品溶液，测定其在410 nm处的吸光值，代入H_2O_2浓度的回归方程，得到样品所含H_2O_2的含量。本试验每个样品重复5次。

7.9.3　统计分析

不同处理间组间差异通过T检验的方法进行评估分析。$P<0.05$被认为两组数据具有显著性差异。

组间显著性分析利用软件Microsoft Excel 2013进行统计分析，利用软件Origin 9.0对数据分析结果进行展示。每个处理3个重复。

7.9.4　结果与分析

7.9.4.1　胞外多糖G-EPS促进烟草生长

为了测定胞外多糖G-EPS对烟草生长的影响，分别检测了经过G-EPS水溶液以及ddH₂O处理过的烟草植株的干重和根长。

结果如图7-6所示。和对照组相比，经过胞外多糖水溶液处理过的烟草植株干重增长了37.1%（A），根长则增长了26.5%。表明胞外多糖G-EPS水溶液能够显著增长烟草植株的生长。

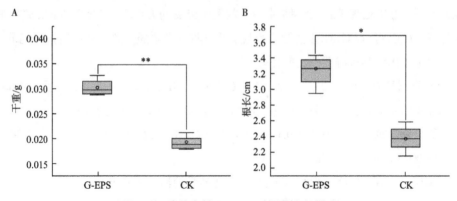

图7-6 胞外多糖G-EPS对烟草生长影响

A-G-EPS对烟草干重的影响；B-G-EPS对烟草根长的影响

7.9.4.2 胞外多糖诱导烟草产生TMV抗性

通过利用TMV-GFP的侵染性克隆菌株接种经过胞外多糖G-EPS处理过的烟草植株，7天后在手提紫外灯下观测TMV含量差异，结果如图7-7A所示，经过G-EPS处理过的烟草植株荧光含量明显小于对照组。通过实时荧光定量PCR检测不同时间段烟草植株中TMV含量的变化，结果如图7-7 B所示，TMV的含量随时间而增多，但显著低于对照组。在接种第3天时，结果显示，和对照组相比，经过胞外多糖G-EPS处理后的烟草植株中TMV的含量降低了1.45倍。

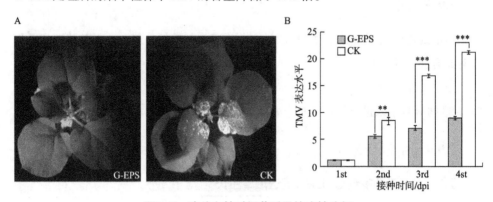

图7-7 胞外多糖对烟草诱导抗病性分析

A- 经过EPS处理的烟草对TMV抗性表型图；B- 接种EPS后的烟草对TMV抑制率

7.9.4.3 胞外多糖G-EPS降低了烟草中MDA的含量

丙二醛（malondialdehyde，MDA），是反应细胞膜中脂质过氧化强度的重要指标。MDA含量越高，代表植株受到的损伤越严重。本试验通过对经过G-EPS处理后的烟草植株进行TMV接种处理，检测不同时期MDA含量的变化。结果表明，经过G-EPS处理后的烟草，MDA含量显著降低。且在接种第2天时，MDA的含量达到最低值（图7-8）。该结果表明胞外多糖G-EPS能够通过降低植株中丙二醛的含量，以此来达到保护植株的作用。

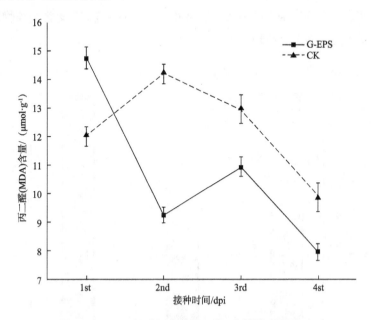

图7-8　G-EPS对烟草植株MDA含量的诱导作用

7.9.4.4　胞外多糖G-EPS增加了烟草叶绿素含量

病毒侵染植物之后，会导致植物体内叶绿素含量降低，影响植物的光合作用。通过对胞外多糖G-EPS和ddH₂O处理过的烟草植株接种TMV病毒粒子，3天后检测每个处理植株叶片中叶绿体的含量，结果如图7-9所示。沼泽红假单胞菌GJ-22胞外多糖G-EPS能够显著提高植株体内叶绿素a，叶绿素b以及总的叶绿素含量。相比对照组，经过G-EPS处理过的植株叶绿素a的含量提高了32.1%，叶绿素b的含量提高了28.4%，总的叶绿素含量提高了18.6%。叶绿素含量的增多，有助于光合作用的增强，以此来提高植物抗病性（图7-9）。

7.9.4.5　胞外多糖G-EPS引起了防御酶活性增强

为了探究沼泽红假单胞胞外多糖G-EPS是否能够增强植物防御反应活性，对经过G-EPS处理过的烟草植株内的防御酶活性进行了检测。结果如图7-10所示。在TMV接种后的第2天时，植物体内PAL、POD以及SOD的活性都达到了最大值，随后开始降低。PAL是苯丙烷代谢中的一个关键酶，它可以催化苯丙氨酸，并最终生成植保素以及木质素等物质。G-EPS的处理显著增加了植物体内PAL酶活性，诱导了烟草抗病毒物质的产生。POD参与了植物细胞木质素的合成，经过G-EPS处理的烟草，POD活性显著增强，从而加快了植物体木质素的合成，以防止病毒在植物体内的蔓延，以此来达到抗病毒病的效果。SOD在生物体内可以猝灭超氧离子，从而减少生物毒素对生物体带来的损伤。结果显示，G-EPS能够显著提高植物体内POD酶活性，从而减少病毒对植物体的伤害。

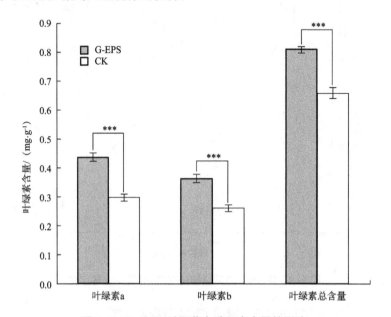

图7-9　G-EPS对烟草中叶绿素含量的影响

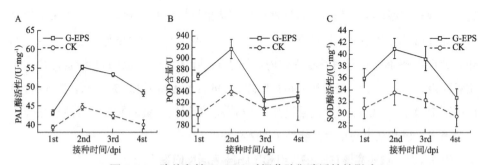

图7-10　胞外多糖G-EPS对烟草防御酶活性的影响

A-PAL酶活测定；B-POD酶活测定；C-SOD酶活测定

7.9.4.6　胞外多糖G-EPS增加了烟草H_2O_2的积累

超氧化阴离子（$\cdot O_2^-$）的含量，是生物体氧化应激反应重要的指标。本研究通过染色对H_2O_2在烟草叶片分布情况进行了检测，颜色越深，代表H_2O_2含量越高。结果表明，经过胞外多糖G-EPS处理过的烟草，H_2O_2的含量稍高于对照组（图7-11 A）。经过对叶片中H_2O_2的含量进行定量检测，结果和染色结果保持一致，说明G-EPS的处理提高了植物叶片中H_2O_2的含量，这可能是和沼泽红假单胞菌胞外多糖G-EPS的抗氧化功能相关联。

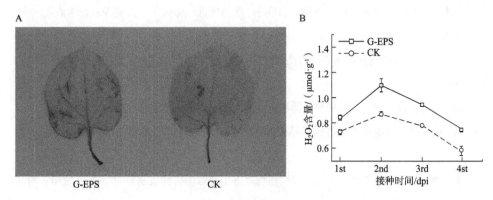

图7-11　G-EPS对烟草植株H_2O_2含量的影响

A-EPS 处理对烟草植株 H_2O_2 的影响；B-EPS 处理对烟草植株 H_2O_2 含量的影响

7.9.5　本章小结

本研究以ddH_2O作为对照组，分别探究了沼泽红假单胞菌胞外多糖G-EPS对烟草生长以及诱导抗性的影响，还探究了G-EPS处理烟草后，植株叶片中和抗病相关防御酶活性的变化。结果表明，胞外多糖G-EPS能够显著促进植株生长，和对照相比，经过G-EPS处理后的植株根长和干重分别增长了26.55%和37.1%。而且经过G-EPS处理过的烟草植株，对于TMV的抗性显著增强。

通过对经过胞外多糖G-EPS处理过的植株和抗病相关的一些生理生化指标以及酶活性进行检测，结果表明，G-EPS能够显著增强POD、PAL以及SOD酶活性，促进植物体植保素以及木质素的合成，以此来提高植物对于病毒的抗性。能够清除植物体多余的超氧化物自由基，以此来维持植物体内活性氧的稳态，从而能够提高植物抗性。而POD能促进醌类物质合成，参与植物体诱导抗病过程。PAL是植物中植保素、木质素合成的关键酶，是植物诱导抗病性关键的生理指标。

同时，G-EPS提高了植株过氧化氢和叶绿素的含量，增强了植物抑制病原菌以及光合作用的能力，提升了植物防御反应性能。此外，G-EPS的处理降低了烟草中丙二醛的含量，减少病毒对植物细胞膜的破坏，增强植物抗性。

参考文献

［1］郭默然.牛蒡低聚果糖诱导烟草系统抗性的表达谱分析及信号转导机制的研究［D］.济南：山东大学,2014.

［2］苏杭.植物源天然化合物丁香酚抗烟草花叶病毒病机理初探［D］.南京：南京农业大学,2012.

［3］刘同梅,海藻酸钠寡糖诱导植物抗病作用和机制的初步研究［D］.大连：大连海洋大学,2018.

［4］钟宇.青霉菌灭火菌丝体诱导植物抗病性的机理研究［D］.昆明:云南大学,2017.

［5］王春娟.蜡质芽孢杆菌AR156诱导植物耐旱及抗病机理研究［D］.南京：南京农业大学,2012.

［6］陆文琴.转录因子ERF019负向调控植物对寄生疫霉菌抗性机制研究［D］.咸阳：西北农林科技大学,2020.

［7］PIETERSE C M J, LEON-REYES A, VAN DER ENT S, and VAN WEES S C M Networking by small-molecule hormones in plant immunity. Nat. Chem. Biol., 2009, 5: 308–316.

［8］REKHTER D, LÜDKE D, DING Y, FEUSSNER K, ZIENKIEWICZ K, LIPKA V, et al. Isochorismate-derived biosynthesis of the plant stress hormone salicylic acid. Science, 2019, 365: 498–502.

［9］YANG C, LU X, MA B, CHEN S Y, and ZHANG J S. Ethylene signaling in rice and Arabidopsis: conserved and diverged aspects. Molecular plant, 2015, 8: 495–505.

［10］王宝霞.外源HpaI蛋白介导半夏康TMV活性分析研究［D］.晋中：山西农业大学,2019.

［11］谢咸升.云芝多糖抗烟草花叶病毒（TMV）复制抑制机理研究［D］.咸阳：西北农林科技大学,2016.

［12］钟宇.青霉菌灭活菌丝体诱导植物抗病性的机理研究［D］.昆明：云南大学,2017.

［13］石延霞.氟唑活化酯诱导黄瓜抗枯萎病机理研究［D］.沈阳：沈阳农业大学,2012.

第8章　转录组在诱导植物抗病中的应用

8.1　基因组学研究进展

近年来，基因组学技术的迅速发展加速了细胞学、遗传学以及分子生物学的发展历程。自从人们公布了酿酒酵母的基因组信息后，相继更多物种的基因组序列信息被组装以及公布出来，加速了人们对各类物种基因方面的研究，助力了人们对生物科学、疾病预防以及遗传育种等方面的深入研究。最原始的一代DNA测序技术也成为"双脱氧终止法"，依赖于DNA聚合酶以及凝胶电泳的分离方法，对DNA进行测序分析。该分析方法成本较高，且耗费了大量的时间和精力。因此，早期基因组学的费用较高，并未得到大范围的推广应用。随后研制出了二代测序技术，也称为下一代测序技术。该测序技术依托Roche454和Illumina测序平台，对样本的基因组进行高通量测序。相比第一代测序技术，第二代测序技术在测序效率、数据量以及准确度方面都有了明显的提升，且测序的成本显著下降。因此，各行各业的研究开始利用基因组学进行深层次的探究，加快了人类对物种基因组学以及调控机制的探究以及认知。后期，各大测序公司在第二代测序平台的基础上进行完善，研制出了三代测序，其主要平台为Pac-Bio和Oxford Nanopore，在数据量以及完整度等方面都得到了显著的改善，能够在二代测序技术的基础上进行 $N6-$ 甲基腺嘌呤、DNA甲基化检测、病原微生物的鉴定、高GC含量基因的预测以及稀有突变体基因的检测等。但目前基因组的技术仍就存在一些不完美的地方。有一大部分物种的基因组的参考序列信息仍未精确公布，且一些物种基因组信息序列可能会存在错误匹配的情况。在NCBI数据库中，很多物种的基因组依旧处于scaffolds水平。近年来，高通量测序技术能够实现对特定目标序列进行分析，从而对该物种的生物学特性进行解析，加大人们对物种DNA的认知水平。通过高通量测序技术对样本的数据进行处理和分析，再参考相应的数据库对测序得到的数据进行注释和分析，获得目标基因的功能信息。另外，也可以采用多种测序方法联合的手段对目标样品进行研究分析，获得更全面的物种信息。重基因组测序技术的应用，对动植物遗传多样性、相关基因的挖掘以及物种进化等都具有重要的研究意义。同时，也可以利用基因组测序技术对拮抗微生物的分子生物学特性进行研究，丰富了拮抗微生物的研究数据，还有助于人们对拮抗微生物抑菌机制的了解。

8.2 转录组介绍

转录组（transcriptone），是揭示基因表达调控的种类和丰度的技术。在生物体转录过程中，转录组中的转录因子会随着生物体自身的变化以及外界环境的变化做出相应的调整。通过转录组学，了解生物体在诱导抗病反应过程中自身的变化，以及生物体转录组的变化，将有助于人们对生物体基因结构以及基因产物的了解，更加全面地解析在抗病防御反应过程中，相关基因的转录调控机制。在进行转录组分析时，首先将RNA进行纯化后，转化为cDNA。再将测序结果和参考基因组进行比对，利用比对频率估算每个基因表达量。生物体的转录组会随着外界环境的变化以及自身生理变化而做出相应的改变，了解其转录水平差异可以有助于揭示其表达调控的机制。近年来，转录组技术有了很大的发展，也愈加成熟，现在已经能够实现单细胞水平对所有物种进行转录调控分析，这将是生命医学领域一个极为重要的研究方向。通过转录组分析，全面解析与抗病相关的差异表达基因，了解在诱导抗病过程中，相关的信号转导途径，全面解析诱导抗病机制。

人们早期对生物体转录基因的表达以及调控机制通常采用的是开放的阅读框、cDNA探针以及基因芯片等技术。但该技术错配率较高，且未能对一些处于非转录区的小外显子进行鉴定。转录组学的出现加快了人们对物种基因表达调控机制的探索。利用RNA-Seq技术可以对目标基因的转录图谱进行分析，解析目标基因在生物体内的转录机制。后期又研制出了第三代测序技术，即高通量测序技术。将测序得到的数据转换成FPKM或者RPKM，获得目标基因的转录本。通过对目标基因进行差异性分析，对差异性的基因参与的生理生化代谢通路进行研究分析。

和传统的测序技术相比，转录组技术能够更加全面、准确地探索各个基因的功能，并能够对基因的结构和基因进化的过程进行研究分析，能够极大程度上提高植物的育种工作效率，加快了育种工作的进程以及准确性。通过高通量测序技术对样本的转录组进行测序，对测序得到的表达量进行检验后，对不同样本之间的表达差异基因进行GO富集分析以及KEGG富集分析，将不同功能的基因以及蛋白聚到各种不同的信号通路上，进而可以了解表达差异基因在不同信号通路中的调控作用，后期再对筛选出的差异表达基因的功能进行一一验证。转录组分析方法不仅降低了人们对于功能基因筛选的复杂性，也有助于人们更全面地诠释差异基因相关的生物学过程以及参与的生物学信号通路。

目前，转录组的分析技术通常可以分为3类：一是杂交技术。杂交技术测序主要是指 DNA 微阵列类的测序技术。二是直接测序技术。例如对 cDNA 文库进行测序、RNA-Seq 测序技术等。三是标签技术。标签技术也是指大规模的测序技术。早期的大规模测序技术虽具有较为全面的信息表达，但一些表达率较低的基因难以准确获得。后期采用基因芯片的方法，对目标基因表达量进行测序分析。但其也存在一定的缺陷，其对基因序列的分析仅限于已知序列，灵敏度也有限，对一些丰度较低的目标序列无法准确检测。后期人们在转录组技术的基础进行了改造，发展了 RNA-seq 技术。RNA-seq 技术能在单核酸水平上对所有物种的转录水平进行深度测序，除了能够对已知的目标序列进行测定外，还能够检测到一些稀有的转录本，识别较为精准，能够为人们提供更加详细且准确的转录信息。RNA-Seq 技术通过对样本 RNA 进行提取和纯化，再通过反转录成 cDNA，构建 cDNA 文库，再利用高通量测序技术进行测序分析。然后将测序得到的结果和参考基因组进行对比，计算每个转录基因的表达量。通过测序得到的转录组数据能够对样本特定条件下所有基因的表达水平进行评估，集功能注释、基因富集分析（GO 富集分析）以及代谢途径为一体，在人们理解生物体发育过程中扮演者着要的角色，在多种生物中得到了广泛的应用。

转录组学的发展，能够助力于病原菌和植物的互作研究以及环境微生物的研究，加深对环境中微生物基因表达调控模式的认知。例如，人们利用转录组技术对镰刀菌侵染棉花前后，相关基因的表达调控作用进行研究。另外还可以利用转录组测序技术对拮抗微生物在特定条件下的基因表达谱进行分析，对差异性的核心基因进行筛选和挖掘，为水果贮藏提供更有效的信息参考。

8.3 转录组技术在诱导植物抗病研究中的应用

近年来，随着转录组技术的成熟以及更加精确稳定，越来越多研究工作者们利用转录组测序技术捕捉生物体转录信息的变化，为微生物与植物互作研究提供高效有力的技术条件。在对植物进行研究中，可以利用转录组技术对不同条件下细胞的转录水平进行测定，揭示环境对细胞信号转导的调控机制。WANG等人利用转录组技术对玉米维管束以及叶肉细胞中和C4光合作用有关的基因表达情况进行测序分析，从中筛选到几组参与光合作用、激素信号转导、糖酵解以及氧化还原反应等生理过程。另有研究表明，通过对不同处理时间的接种了黄瓜花叶病毒的辣椒进行相关基因表达分析，结果表明相关防御基因在CMV感染的情况下大部分出现上调。Zhang等人利用转录组技术研究了玉米根系分泌物对芽孢杆菌SQR9生物膜形成机制，结果发现在处理24 h的时候，一些与营养物质代谢以及细胞运动有关的基因显著上调，在48 h的时候，和生物膜形成相关的基因被诱导表达。NISHIYAMA等人的研究表明拟南芥在面对盐胁迫条件下进行的不同的响应反应过程中，细胞分裂素在调节植株抗逆性等方面发挥了重要的作用。另外，通过转录组分析技术对高温胁迫条件下棉花植株中糖以及生长素的信号转导的路径进行了分析，结果表明酪蛋白激酶I、生长素以及一些糖类物质在棉花植株相应高温胁迫中发挥着关键性的调节作用。

通过对抗病品种接种黄萎病菌前后转录组变化进行分析，从中筛选到了3442个具有差异性的基因，并揭示了木质素以及苯丙氨酸途径在抗病防御反应中发挥着关键性的作用。利用转录组对小麦矮缩病毒侵染的小麦以及健康小麦进行转录组测序分析，对差异性的基因进行筛选，并进行GO注释，结果表明差异基因的表达主要涉及衰老、基因沉默、光合作用、生物刺激反应、植物防卫反应以及DNA代谢等生物过程。因此，转录组测序对病原菌和植物互作研究起着重要的作用。

近年来，人们又发展了下一代测序技术（NGS）。NGS技术在RNA-Seq的基础上对大数据转录因子表达水平的分析以及检测进行了加强，同时增强了基因识别以及基因水平上DNA甲基化的能力。在微生物和植物互作机制研究者发挥着重要的作用。

8.4 胞外多糖G-EPS诱导烟草抗病性的转录组表达分析实例

转录组（transcriptome），作为编码生物体蛋白质mRNA的总和，其会随生物体自身以及外界环境的变化而做出相应的改变。研究生物体转录水平的调控，对于了解细胞基因结构与功能具有重要的意义，其能够揭示生物体基因表达及调控机制，是生物体生命研究方面极为重要的研究思路。随着技术的发展，RNA-Seq技术在转录组学方面也取得了极大的进步，其能够在单细胞水平对任何样本进行深层次的检测，同时还能够发现一些未知的或稀有的转录本，能够有效地为实验研究提供更为详细的转录调控等方面的信息。

近年来，转录组学应用于越来越多的领域。为深入了解微生物和宿主之间互作调控机制，越来越广泛地研究利用转录组技术，来获取生物体内转录调控信息。据报道，Zhang利用转录组测序对解淀粉芽孢杆菌SQR9的生物膜形成机制进行了探究，结果发现在接种了玉米根系的分泌物后，营养物质代谢以及菌株细胞运动等方面的基因表达量显著上调，之后，和生物膜形成有关的基因表达量也显著上调。SHINYA等人利用昆布多糖以及寡聚葡聚糖处理烟草后，转录组数据分析结果显示有265个基因发生了上下调。

本章利用G-EPS处理烟草植株，以ddH$_2$O作为对照组。通过对两个处理组的样本进行RNA提取，进行转录组测序分析，研究和植物抗病相关的信号通路以及基因的表达水平变化，为进一步为G-EPS诱导植物产生抗病性机制提供理论支撑。

8.4.1 材料与方法

8.4.1.1 植物材料

本研究所用的植物为本氏烟草（湖南省植物保护研究所保存），栽种于10 cm^{2}含有营养土和蛭石（3∶1）黑色砵中，置于光照条件（白天/黑夜：14/10），温度为28℃，湿度为70%的光照培养箱中培养。待烟草六片叶子完全展开时，即可用于本实验研究。

8.4.1.2 胞外多糖G-EPS的获取

从菌株GJ-22发酵液中，经过离心，醇沉得到粗多糖，随后采用木瓜蛋白酶和Sevag法进行去蛋白，再经过阴离子交换柱和凝胶层析柱洗脱，得到较为纯净的多糖组分，命名为G-EPS。具体详细的提取步骤及纯化操作见本书章节6.9.2.1。

8.4.1.3 实验所需仪器和试剂

RNA提取试剂盒采用的是Trizol Reagent试剂（Invitrogien，美国），cDNA试剂盒以及实时荧光定量PCR（qPCR）均购于全式金生物公司，引物为上海生工合成。

8.4.1.4 G-EPS诱导烟草处理

为了研究沼泽红假单胞菌胞外多糖G-EPS对于本氏烟草诱导抗性基因表达调控情况，以5 mg/mL的G-EPS水溶液为处理组，以ddH$_2$O为对照组，对四周龄烟草苗进行喷施处理，以叶片表面附着满细密水珠但不流动为佳。处理24 h后收集第5、第6片真叶进行RNA的提取。

8.4.1.5　RNA提取

利用Trizol试剂盒对植物RNA进行提取。具体提取方法参照本书章节3.3.2.18。提取完毕后，利用Nanodrop 2000分光光度计对RNA进行质量测定。随后利用Agilent 2100 bioanalyzer生物分析仪对所提取的RNA进行质控分析，检查RNA的完整性。以28/23S的亮度值大于18/16S，以及RIN值位于6.0至8.0为完整性指标。样品总的RNA分成两份，一份送至诺禾致源测序公司（北京）进行质控，建库、反转录合成cDNA后加adptor，后进行Illumina测序分析。另外一份用于qPCR检测分析。

8.4.1.6　测序数据质控和数据过滤

测序完成后，对样本的GC含量分布进行测定。最后为了保证数据分析质量和可靠性，对原始数据中带接头（adapter）的reads、含N的reads以及质量较低的reads进行过滤，获得可靠的数据。随后，利用HISAT2软件，将质控后的数据和参考基因组比对，获得在参考基因组上的数据的定位信息。

8.4.1.7　差异基因筛选及功能注释

以烟草表达序列https://www.ncbi.nlm.nih.gov/genome/?term=Nicotiana+ benthamiana为样本的参考序列。以log2（Fold change）>1和*padj*<0.05为标准，筛选差异基因，然后对从差异基因进行注释，筛选后进行分析。

8.4.1.8　GO富集分析

对每个样本基因表达水平进行定量分析。随后，利用统计学来完成对表达数据的分析。随后采用Cluster Profile软件对差异表达基因进行GO功能的富集分析，以*padj*<0.05作为阈值。GO（gene ontology）作为描述基因功能的一个综合性的数据库，其对差异基因GO富集分析情况做出柱状图，更为直观地反映差异基因在生物过程，细胞组分以及分子功能等功能富集上的GO term中的分布情况。选取富集分析最显著的30个term进行绘制、展示，以横坐标为GO term分类，纵坐标为富集显著性水平，数值越高，富集分析结果就越显著。再利用Cluster Profile软件对差异基因进行KEGG通路富集分析，显著富集阈值为*padj*<0.05。

8.4.1.9　KEGG　富集分析

KEGG（kyoto encyclopedia of genes and genomes），是一个综合性的数据库，其整合了基因组，化学和系统功能等方面的信息。从KEGG富集分析结果中，选取富集差异最显著的20个通路进行展示。通过比对，找出表达差异显著的基因所富集的信号通路。

8.4.1.10 实时荧光定量PCR（qPCR）验证

选择6个表达差异显著的基因，利用Primer5.0设计引物进行qPCR扩增，来验证基因的表达情况。反应体系如下：95℃预变性5 min，40个循环的95℃预变性30 s，60℃退火30 s，72℃延伸40 s。该实验进行了3次生物学的重复，每个生物学重复包括3次技术重复。扩增结束后，根据基因CT值，采用$2^{-\triangle\triangle Ct}$分析基因表达情况。本试验所用引物如表8–1所示。

表8–1 实验所用引物

引物	序列
FLS2	F: GCGAAGATGGAAGCACCACAGC
	R: TCGATTTCTCCACCAATTGGCGC
BAK1	F: AGGTGTTCTCTTGGAGACTAGGA
	R: AGAGATCCAGAACTTGTAGCGT
PR1	F: TGAGACTTTTCAACAAAGGGTAATA
	R: CTATTTCTTTGCCCTCGGACG
ERF1	F: ACAGAGGAATAAGGCAGAG
	R: GAAGCGGTGAAGAGGAT
CHI	F: AAGCCACAAGACAAAATC
	R: CACCCGAAGGACACAC
PDF1.2	F: AACTTGTGAGTCCCAGAG
	R: AGAGGTCCAAACCAAACCAG
Action	F: GGATACCTTTCTACCACC
	R: CAAATAAGCCAATACACTCA

8.4.2 结果与分析

8.4.2.1 RNA质量评估

对处理组和对照组进行转录组测序分析，每个样本5个重复。测序结果显示每个样本平均有46,512,893条reads，经过对测序原始数据进行过滤后平均得到45,468,294.2条reads，本次测序过滤后的数据量平均为6.82 G。样本数据平均Q20为98.273，Q30为94.545，GC含量为43.403。将质控后的数据比对到参考基因组中，利用软件HISAT2进行精确比对，获取数据在基因组中对应的定位信息。每组过滤后的数据平均有45,468,294.2条可以在参考基因组上匹配成功。每个样本的具体信息见表8–2。

表 8-2 样本测序数据信息

Treatment	Raw reads	Clean reads	Clean bases	Error rate	Q20 (%)	Q30 (%)	GC content (%)
G-EPS-1	45703496	44788542	6.72G	0.02	98.41	94.81	43.38
G-EPS-2	42834980	41827176	6.27G	0.02	98.33	94.66	43.45
G-EPS-3	44001414	43207542	6.48G	0.02	98.23	94.51	43.17
G-EPS-4	50521022	49413816	7.41G	0.02	98.31	94.65	43.52
G-EPS-5	44817648	43877140	6.58G	0.02	98.09	94.13	43.52
ddH2O-1	50915690	49328470	7.4G	0.03	98.07	93.99	43.29
ddH2O-2	46412346	45518292	6.83G	0.02	98.43	94.88	43.31
ddH2O-3	47259356	46078374	6.91G	0.02	98.20	94.43	43.57
ddH2O-4	41393434	40533312	6.08G	0.02	98.29	94.64	43.47
ddH2O-5	51269544	50110278	7.52G	0.02	98.37	94.75	43.35

8.4.2.2 RNA-Seq样品间相关性分析

为了保障所获得的差异基因分析结果具有可靠性，该生物学实验是可重复的，而不是偶然的，生物学重复对于本研究是必须的。作为试验可靠性以及样本选择合理性的一个关键性的检验指标。本研究要求生物学的皮尔逊相关系数平方（R^2）>0.8，表明样品生物学重复性良好，可用于后续分析（图8-1）。

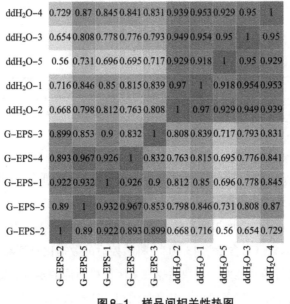

图 8-1 样品间相关性热图

8.4.2.3　差异基因表达情况

对不同样本间基因的表达水平进行估算，并进行筛选。筛选标准为log2（Foldchange）>1和*padj*<0.05。DEGs如图8-2所示，结果表明处理组G-EPS和对照组ddH$_2$O间有6,049个差异基因，其中2,283个上调基因，3,766个下调基因。

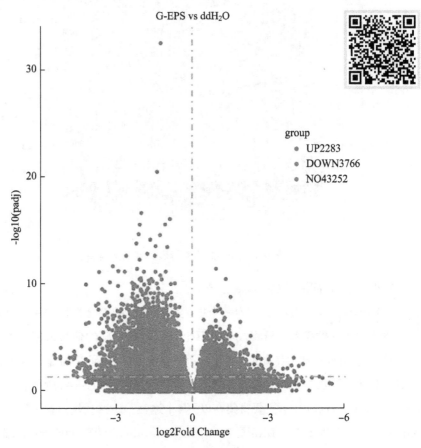

图8-2　差异基因火山图

8.4.2.4　差异表达基因的聚类分析

将处理组和对照组差异基因表达模式相近的聚集在一起，按照主流层次聚类对基因FPKM值进行聚类分析，对所有的行（row）进行均一化处理（Z-score）。表达模式相近的基因会聚在一起，不同颜色表示的是进行均一化处理后的数据，观测热图中横向颜色变化来检测基因在不同样本中表达情况。本研究样品间的聚类分析的结果如图8-3所示。经过胞外多糖G-EPS处理的为一类，ddH$_2$O处理的为另一类。深灰表示上调基因，浅灰则表示下调基因。

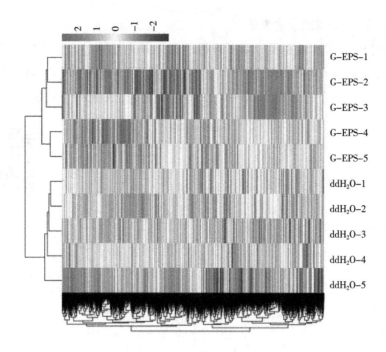

图8-3　样品之间差异表达基因聚类热图

8.4.2.5　样品间的GO富集分析

GO（Genne ontology）作为一个描述基因功能的综合性数据库，其可以分为三个部分GO功能富集分析将成千上万个基因分到不同的信号通路中，减少分析复杂度。本研究结果GO富集分析以 *padj* <0.05作为该研究的显著性阈值，分析了G-EPS处理组和ddH$_2$O对照组GO功能富集。结果如图8-4所示。在生物过程（Biological process，BP）主要富集在以下4个途径：DNA代谢过程（DNA metabolic process，GO: 0006259）、DNA复制（DNA replication，GO: 0006260）、细胞器组织（organelle organization，GO: 0006996）以及染色体组织（chromosome organization，GO: 0051276）；在细胞组分（cellular component）这一类别，主要集中在以下两个途径：染色体（chromosome，GO: 0005694）以及染色体部分（chromosomal part，GO: 0044427）；分子功能（molecular function）主要集中在以下5个途径：细胞骨架蛋白结合（cytoskeletal protein binding，GO: 0008092）、微管蛋白结合（tubulin binding，GO: 0 015631）、微管结合（microtubule binding，GO: 0008017）、DNA聚合酶活性（DNA polymerase activity，GO: 0034061）以及DNA定向的DNA聚合酶活性（DNA-directed DNA polymerase activity，GO: 0003887）。

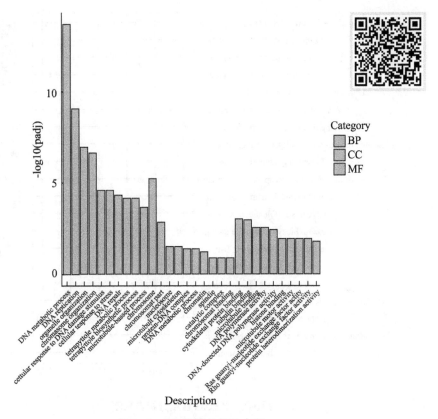

图8-4　GO富集分析散点图

8.4.2.6　KEGG富集分析

利用软件Cluster Profile对处理组和对照组差异基因进行KEGG富集通路分析。KEGG，作为一个综合性的数据库，以 $padj<0.05$ 作为显著性阈值。本研究KEGG富集结果如图8-5所示。G-EPS处理组和ddH$_2$O对照组一共富集到119条代谢通路，其中有11条基因显著富集的代谢通路，分别为谷胱甘肽代谢（glutathione metabolism，sly00480）、苯丙素生物合成（phenylpropanoid biosynthesis，sly00940）、MAPK信号通路（MAPK signaling pathway，sly04016）、植物与病原体互作（plant-pathogen interaction，sly04626）、DNA复制（DNA replication，sly03030）、柠檬酸循环（citrate cycle (TCA cycle)，sly00020）、甘油酯代谢（glycerolipid metabolism，sly00561）、糖酵解/糖异生（glycolysis/gluconeogenesis，sly00010）、过氧化物酶（peroxisome，sly04146）、淀粉和蔗糖代谢（starch and sucrose metabolism，sly00500）以及吞噬体（phagosome，sly04145）。

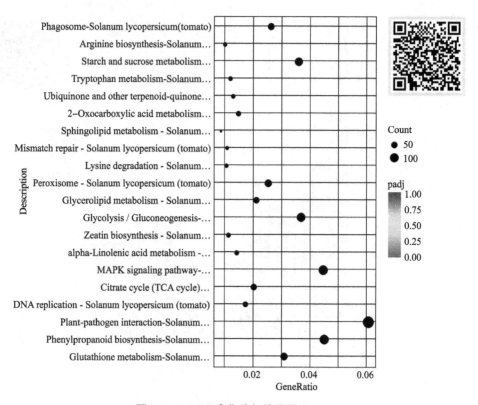

图8-5　KEGG富集分析结果图

8.4.2.7　qPCR验证差异基因

根据转录组富集结果，我们选取了6个显著差异表达的基因，进行qPCR验证分析。这6个基因分别为*FLS2*，*BAK1*，*PR1*，*ERF1*，*CHI*以及*PDF1.2*。Flagellin Sensing 2（*FLS2*），作为一种细菌鞭毛蛋白敏感基因，其在植物与病原体互作以及MAPK信号通路中都起着关键性的作用。*FLS2*可以通过识别细菌鞭毛蛋白flg22，随后和*BAK1*形成二聚体，激活MAPK级联反应。*PR1*是水杨酸（SA）信号转导中的标志性转录因子。*ERF1*为乙烯信号途径下游一个转录因子，其可以被乙烯（ethylene，ET）或茉莉酸（jasmonate，JA）快速激活，其作为两种信号通路间的下游基因，可以调控植物防御反应中的抗性基因。*ERF1*的过表达可以激活其下游几丁质酶（CHI）基因以及植物防御基因*PDF1.2*的表达。通过对比胞外多糖G-EPS处理组和对照组基因表达情况的差异，结果如图8-6所示。经过胞外多糖G-EPS处理过的烟草植株，在前3天检测中，表达量一直处于上升趋势，在处理第2天后，其含量上升有所减慢。这可能是由于*FLS2*能够和*BAK1*互作，识别病原体，诱导植物产生免疫防御反应。转录因子*PR1*在处理1天时达到表达量最高值，随后表达量一直下降。基因*ERF1*、*CHI*以及*PDF1.2*在前3天表达量变化趋势相同，在处理第2天时表达量达到最高点。而在对照组中，基因表达情况变化不大。这也证实了转录组差异基因分析的准确性。

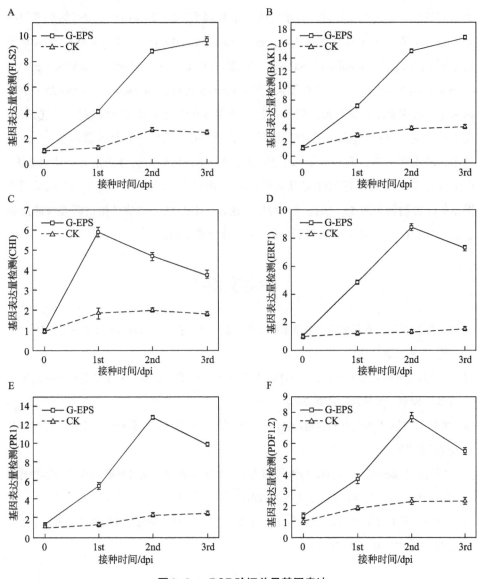

图8-6　qPCR验证差异基因表达

8.4.3　本章小结

本研究通过利用沼泽红假单胞菌胞外多糖G-EPS处理烟草植株，以ddH$_2$O作为对照，研究胞外多糖G-EPS对于烟草诱导机制。基于转录组测序分析，处理组G-EPS和对照组ddH$_2$O间有6,049个差异表达基因，其中2,283个上调基因，3,766个下调基因。通过KEGG显著富集分析，结果表明，经过G-EPS处理过的烟草植株差异基因主要富集在谷胱甘肽代谢（glutathione metabolism，sly00480）、苯丙素生物合成（phenylpropanoid biosynthesis，sly00940），MAPK信号通路（MAPK signaling pathway，sly04016）、植物与病原体互作（plant-pathogen interaction，sly04626）信号通路中。其中MAPK信号通路以及植物与病原体互作通路都和诱导植物免疫防御反应密切相关。通过检测6个和抗病相关转录因子的表达水平，结果显示6个基因表达水平都出现上调，其中转录因子FLS2和BAK2为MAPK信号通路关键性的基因，PR1是SA信号通路的标志性基因，而ERF1、PDF1.2以及CHI属于JA/ET信号通路里面关键性的转录因子。因此综合得出结论，G-EPS诱导植物产生抗病性可能是通过激活MAPK、SA以及JA/ET信号通路来增强植物抗病性。

参考文献

［1］郭默然.牛蒡低聚果糖诱导烟草系统抗性的表达谱分析及信号转导机制的研究［D］.济南：山东大学,2014.

［2］鄂垚瑶.接种多粘类芽孢杆菌SQR-21及FON对西瓜根系转录水平和蛋白表达的影响［D］.南京：南京农业大学,2017.

［3］唐中祺.不同补光时长对辣椒幼苗生长生理的影响及其转录组分析研究［D］.兰州：甘肃农业大学,2019.

［4］于秋佟.质膜钙通道基因CNGC2再植物相应细菌AHL中功能分析即AHL诱导植物抗病的转录组分析.天津：河北农业大学,2019.

［5］田中欢.柑橘采后生防菌34-9和w176响应环境因子的调控机制及保鲜应用研究［D］.武汉：华中农业大学,2021.

结　论

本书主要对生防菌的定殖以及诱导植物抗病性相关的研究进行了详细、全面的概述，同时对最新的研究进行了举例说明。以叶际生防菌沼泽红假单胞菌GJ-22为研究基础，为了进一步挖掘菌株在宿主定殖动态以及生防菌株活性成分，以提高生防菌株在农业领域的应用。本书通过构建荧光标记菌株观测生防菌在植物定殖动态，同时提取到了生防菌株重要的活性代谢物—胞外多糖。通过生物、物理以及化学相结合的方法，对胞外多糖分子结构进行表征分析，并对胞外多糖诱导植物抗病机制进行了研究。本专著得到的具体研究成果如下：

一、基于很多荧光标记载体在沼泽红假单胞菌中难以表达的问题，本研究以沼泽红假单胞菌GJ-22作为研究对象，利用同源重组的方法，将沼泽红假单胞菌同源臂基因和荧光标记 *gfp* 基因片段分别连接到载体pBBR1MCS-2中，完成荧光标记载体的构建。将荧光标记载体通过电击转化，转入到沼泽红假单胞菌GJ-22感受态细胞中，构建了能够表达绿色荧光蛋白的GFP标记菌株，建立了一套独特的沼泽红假单胞菌荧光蛋白标记体系。同时，对荧光标记菌株GJ-22-gfp生长代谢、标记载体传代稳定性以及生防功能进行了比较测定。结果表明为在无抗性的培养条件下，连续培养15代后，重组质粒在菌株生长过程中丢失率为21%。在不含卡那霉素培养基中培养时，重组载体pBBR1-pckA-gfp的插入，对菌株GJ-22的生长没有明显的影响。同时我们对菌株GJ-22-gfp对植物促生以及抗病功能进行了测定，结果显示荧光标记菌株对植物的生防作用和野生型菌株无显著差异。本研究为沼泽红假单胞菌荧光标记菌株的应用研究提供了理论依据，也为沼泽红假单胞菌菌株的改造提供了新的思路。

二、通过激光共聚焦荧光显微镜以及扫描电镜对标记菌株GJ-22-gfp在烟草叶际定殖动态进行了观测，同时对菌株诱导植物产生抗病性进行了分析测定。结果表明，菌株在烟草叶际定殖动态可分为四个阶段。阶段Ⅰ：细菌在烟草叶部属于定殖初期，菌株大多数以单个细菌的形态散乱分布在烟草叶片表面；阶段Ⅱ：即48 h的时候，此时细菌定殖于烟草叶片表皮细胞连接处，少量菌株聚集在一起形成小的细菌群落，在烟草叶片上进行生长、繁殖。此时，细菌数量大量减少；阶段Ⅲ：在菌株处理72 h的时候，此时菌株形成一个个小的微菌落定殖于叶片表面连接处，此时菌株定殖数量趋于稳定；阶段Ⅳ：处理96 h的时候，此时细菌形成了更大的聚集体，且不再局限于叶片连接处，而是扩散到叶片连接处周围间隙里。同时，我们对菌株定殖不同时期诱导植物抗病性进行了检测，发现菌株位于阶段Ⅲ和阶段Ⅳ的时候，诱导抗病性更强。因此得出结论，细菌在植物叶际定殖动态影响其生防功能的表达。此外，为了筛选影响细菌在植物叶际定殖的影响因子，基于 *R. palustris* GJ-22基因组，我们构建了菌株GJ-22胞外多糖合成基因突变体菌株△Exop1和△Exop1。通过测定菌株所产胞外多糖的含量，我们发现突变体菌株△Exop1的胞外多糖产量显著降低，同时导致菌株在植物叶际定殖数量的减少，进而降低了菌株对于外界环境的抵抗力，也降低了生防菌株对植物产生的诱导抗病性。

三、从沼泽红假单胞菌GJ-22发酵液中提取到一种胞外多糖，经过去蛋白，以及柱层析得到单一组分的多糖G-EPS。分子质量大小为10.026 kDa，FT-IR分析结果表明该多糖为α-糖苷键构型。单糖组分分析结果表明胞外多糖G-EPS含有甘露糖和葡萄糖两种单糖单元，摩尔比为116∶9。为了鉴定胞外多糖G-EPS的分子结构，我们综合了甲基化、1D NMR以及2D NMR表征分析结果，最终确定了沼泽红假单胞菌胞外多糖G-EPS的分子结构式。

四、不同多糖激发子能够激发植物不同的防御反应。本研究通过对经过胞外多糖G-EPS处理过的植株进行转录组测序分析，来研究胞外多糖诱导烟草产生抗病性的机制。结果显示，和对照组相比，处理组G-EPS有6,049个差异基因，其中2,283个上调基因，3,766个下调基因。通过KEGG显著富集分析，结果表明，经过G-EPS处理过的烟草植株差异基因主要富集在谷胱甘肽代谢（glutathione metabolism，sly00480）、苯丙素生物合成（phenylpropanoid biosynthesis，sly00940）、MAPK信号通路（MAPK signaling pathway，sly04016）、植物与病原体互作（plant-pathogen interaction，sly04626）信号通路中。其中MAPK信号通路以及植物与病原体互作通路都和诱导植物免疫防御反应密切相关。通过检测6个和抗病相关转录因子的表达水平，结果表明G-EPS诱导植物产生抗病性是通过激活MAPK、SA以及JA/ET信号通路来增强植物抗病性。

五、分别探究了沼泽红假单胞菌胞外多糖G-EPS对烟草生长以及诱导抗病性的影响，还探究了G-EPS处理烟草后，植株叶片中和抗病相关防御酶活性的变化。结果表明，胞外多糖G-EPS能够显著促进植株生长，和对照相比，经过G-EPS处理后的植株根长和干重分别增长了26.55%和37.1%。而且经过G-EPS处理过的烟草植株，对于TMV的抗性显著增强。同时，G-EPS能够显著增强POD、PAL以及SOD酶活性的表达，增强了植物体过氧化氢以及叶绿素的含量，促进植物体光合作用、植保素以及木质素的合成，以此来提高植物对于病毒的抗性。G-EPS的处理还降低了植物体内MDA的含量，减少病毒对植物细胞膜的破坏，以此来保护植物，增强植物抗性。